职业教育无人机应用技术专业系列教材

无人机维护技术

主 编　刘　星　宋建堂

副主编　刘昭琴　刘艳菊　侯圣勇

参 编　王　彪　王永强　朱菲菲　杨　雄

　　　　张　军　张海英　鹿秀凤

机械工业出版社

本书在内容设计上遵循了实用性需求，即以实践性技能训练为主，以理论性知识解读为辅。同时，本书还遵循渐进性的认知规律，帮助学生掌握知识要点和技能要点。

本书的主要内容包含绪论、维修部件与系统、维护训练用无人机、维护典型作业无人机、保管无人机五个部分，包括维护理论、维护工具与设备、维修遥控器、维修机体、维修电机与螺旋桨、维修电调和分电板、维护蓄电池、维护任务系统、维护汽油发动机、维护多旋翼无人机、维护植保无人机、维护航拍无人机、维护航测无人机、无人机日常保管和长期保管等内容。

本书可作为职业院校无人机应用技术及相关专业的教材，也可作为无人机操作人员、行业操作人员、无人机教师、无人机装调检修员、无人机植保人员、无人机航拍操作人员、无人机测绘操作人员以及无人机爱好者的参考用书。

本书配有电子课件，购买本书作为授课教材的教师可登录机械工业出版社教育服务网（www.cmpedu.com）注册后免费下载或联系编辑（010-88379194）咨询。

图书在版编目（CIP）数据

无人机维护技术 / 刘星，宋建堂主编 . —北京：机械工业出版社，2023.11（2025.1 重印）

职业教育无人机应用技术专业系列教材

ISBN 978-7-111-74720-8

Ⅰ . ①无⋯　Ⅱ . ①刘⋯ ②宋⋯　Ⅲ . ①无人驾驶飞机—维修—高等职业教育—教材　Ⅳ . ①V279

中国国家版本馆CIP数据核字（2024）第002460号

机械工业出版社（北京市百万庄大街22号　邮政编码100037）

策划编辑：李绍坤　　　　　　　责任编辑：李绍坤
责任校对：王小童　李　婷　　　封面设计：鞠　杨
责任印制：刘　媛

北京中科印刷有限公司印刷

2025年1月第1版第4次印刷
184mm×260mm · 10.5 印张 · 220 千字
标准书号：ISBN 978-7-111-74720-8
定价：35.00 元

电话服务　　　　　　　　　　网络服务
客服电话：010-88361066　　　机　工　官　网：www.cmpbook.com
　　　　　010-88379833　　　机　工　官　博：weibo.com/cmp1952
　　　　　010-68326294　　　金　书　网：www.golden-book.com
封底无防伪标均为盗版　　　　机工教育服务网：www.cmpedu.com

前 言

当前，民用无人机在训练、作业过程中，因日常使用、维护不当、维护不规范等原因常导致无人机不能正常工作，甚至出现炸机、伤人等事故。为提高无人机使用者的维护水平，规范其使用行为，帮助其养成良好的使用习惯，保证设备的完好率、使用率，编者根据教学实际和人才培养要求，针对职业院校无人机维护实训教学编写了本书。

本书编写过程中结合了无人机行业应用的实际情况，突出了无人机应用技术专业的实用性、技能性，内容由浅入深，通俗易懂，使学生在实训教师的指导下，提高认知能力和技术能力。通过对本书的学习，学生不仅能够学习到基本的无人机维护理论、维护技能，而且能够学习到常见训练无人机和行业应用无人机的装调检修技能。

本书共五个部分，包括绪论、维修部件与系统、维护训练用无人机、维护典型作业无人机和保管无人机，主要内容涵盖了装、调、检、修、用等各个方面的技能和知识。

本书具有如下三个方面的特色：

1. 渐进性

本书突出认知规律渐进性的特点。全书采用"项目—任务"编写模式，每个项目开始都有"知识要求"和"技能要求"，用于帮助学生掌握学习的知识要点和技能要点。本书既可以为没有基础的学生提供循序渐进的维修技能学习、训练，又可以为已从事无人机应用的人员提供技术服务与借鉴。

2. 实用性

本书内容涵盖训练用无人机以及各类典型作业无人机，在具体内容上，以实践性技能训练为主，以理论性的知识解读为辅。技能训练力求简单、可复制，能使读者根据作业流程科学制订训练计划，全面掌握技能知识。

3. 系统性

本书内容从理论到实践，从部件到整体，从小到大；从无人机的部件、系统到整机；从训练用无人机到典型作业无人机，形成了无人机维护技术的全覆盖。

本书由刘星（山东水利职业学院）、宋建堂（北京康鹤科技有限责任公司）任主编，刘昭琴（重庆航天职业技术学院）、刘艳菊（河南经济贸易技师学院）、侯圣勇（山东理工职业学院）任副主编，参加编写的还有王彪（湖南石油化工职业技术学院）、王永强（山东水利职业学院）、朱菲菲（许昌职业技术学院）、杨雄（重庆航天职业技术学院）、张军（邢台技师学院）、张海英（枣庄科技职业学院）和鹿秀凤（山东理工职业学院）。刘艳菊负责编写绪论，刘星负责编写项目1，侯圣勇负责编写项目2，宋建堂负责编写项目3和全书的统稿，刘昭琴负责编写项目4。在各项目中，王彪编写了维修遥控器的内容，鹿秀凤编写了维修与维护电池的内容，张军编写了航拍无人机作业前后的主要工作，朱菲菲编写了维护S1000多旋翼无人机的内容，张海英编写了维护10mL汽油发动机的内容，杨雄编写了维修与维护任务系统，王永强负责资料汇总与整理。

由于编者水平有限，书中难免有疏漏之处，敬请广大读者批评指正。

编　者

目 录

前言

绪论 1

    第1节　维护理论 1

    第2节　维护工具与设备 7

项目1　维修部件与系统 19

    任务1　维修遥控器 20

    任务2　维修机体 26

    任务3　维修电机与螺旋桨 37

    任务4　维修电调和分电板 46

    任务5　维护蓄电池 53

    任务6　维护任务系统 66

    任务7　维护10mL汽油发动机 84

项目2　维护训练用无人机 89

    任务1　维护260多旋翼无人机 90

    任务2　维护360多旋翼无人机 92

    任务3　维护450多旋翼无人机 97

    任务4　维护S1000多旋翼无人机 101

项目3　维护典型作业无人机 117

    任务1　维护植保无人机 118

    任务2　维护航拍无人机 132

    任务3　维护航测无人机 135

项目4　保管无人机 157

    任务1　无人机日常保管 158

    任务2　无人机长期保管 161

参考文献 164

绪　论

第1节　维护理论

无人机除军事用途外,在航拍、航摄、巡线、测绘、植保、科研、物流、应急救援等领域得到了广泛的应用。在应用过程中,对无人机的维护保障是在维护理论指导下进行的,这个维护理论就是"以可靠性为中心"的维护理论,包括维护指导思想、修理方式、航空装备的大修、航空修理的方法等。无人机的维护内容主要包括动力系统维护、机体维护和航电设备维护三个方面。

1. 维护指导思想

维护指导思想是指对维护目的、对象、方式及其方针政策的总体认识,也是对整个修理工作的基本看法。具体地说,就是从实践中总结出来的,指导人们制订维护规程(或称修理大纲)的一套理论,指导维护人员应该做什么维护工作和如何做这些维护工作。因此,从某种意义上说,维护指导思想既是狭义的维护理论,又是维护理论的核心。

维护指导思想来源于修理实践,是建立在当时的装备、修理人员的技术水平、修理手段和修理条件等客观实际的基础上,又受修理实践中质量、效率、经济和机动性四大指标的检验。并且,航空维护指导思想必须随着科学技术及装备的发展和人们认识的提高而有所发展。维护指导思想主要有以"预防为主"的传统维护指导思想和以可靠性为中心的维护指导思想两种。

(1)以"预防为主"的传统维护指导思想　人们习惯上把以"预防为主"的维护指导思想称作传统的维护指导思想。

以"预防为主"的维护指导思想体现在维护工作中,就是定期修理、大拆大卸地进行全面翻新。

传统的维护指导思想是基于人们对机械故障的一种认识,即机件或装备只要工作,就会出现磨损,磨损就会导致故障,出了故障就会危及安全。具体到航空装备上,人们认为航空装备的安全与可靠性密切相关。每一个装备在使用和保存过程中,可靠性总是随着时间的变化而降低。因此，必须对装备进行检查并定期修理，才能使装备保持和恢复可靠性。而检查、修理间隔时间的长短和修理深度，是控制装备可靠性的重要因素。检查和修理间隔时间越短，次数越多，修理的深度越深，则装备就越可靠。这种维护指导思想在航空装备的修理史上占有一定的地位。

"预防为主"的维护指导思想是一种积极主动的维护指导思想，力图把故障消灭在萌芽状态，防患于未然。但这种维护指导思想存在较大的缺陷，即它只注重了航空装备的共性，而忽略了它们的差异。因为航空装备是多样的，它们各自的结构、使用环境条件、使用频度都不一样。所以在修理中不询问航空装备的具体情况而一律对待，就带有较大的盲目性，势必造成时间和材料浪费、修理周期长、修理费用高等不良后果。特别是对于一些复杂装备，不恰当的拆卸反而会带来一些人为差错，形成人为故障。有些装备不是用坏的，而是拆坏的，相当多的故障是由于装配、拆卸和周转运输造成的。因此，这种传统的维护指导思想已经不能适应现代航空装备修理的发展要求。

（2）以可靠性为中心的维护指导思想　可靠性是指航空装备在规定的条件下、规定的时间内，完成规定功能的能力。

规定的条件是指航空装备使用的环境条件、维护方法、储存条件以及对操作人员的技术要求等；规定的时间是指航空装备的有效使用期限，通常用使用时间、动作次数、日历时限等参数来表示；规定的功能是指航空装备的质量特性应具备的全部技术标准。

以可靠性为中心的维护指导思想，是以充分利用装备的固有可靠性来确定的指导思想。随着修理工作的不断发展，人们认识到有些类型的故障，不论做多少工作，仍然是不能预防的；某些装备过分强调定时修理，大拆大卸，反而可能诱发许多人为故障。因此，要以可靠性为基础，通过对影响可靠性因素的分析和试验，应用逻辑分析决断法，科学地制订修理内容，优选修理方案，确定合理的使用期限，以控制装备的使用可靠性。

以可靠性为中心的维护指导思想和以"预防为主"的维护指导思想，都体现了积极主动的思想，都要求积极预防，把故障消灭在萌芽状态，防患于未然。但以可靠性为中心的维护指导思想，是在以"预防为主"的维护指导思想的基础上发展而来，它充分考虑到装备的可靠性、修理性和经济性，采用科学统计分析的方法来认识修理规律，因而能更好地反映修理的客观规律，指导修理实践。我国在1983年确立了以可靠性为中心的维护指导思想，在指导航空装备维护工作中发挥了重要作用。

按照以可靠性为中心的维护指导思想，在航空装备预防性修理工作中，要树立适度维护的观念，合理控制定时拆卸修理项目的修理期间隔期，防止过度修理或修理不足。

2. 修理方式

修理方式是为了使修理对象的使用可靠性达到一定的水平而对修理工作的内容和时机实施控制的途径或原则。修理方式有定时方式、视情方式、监控方式三种。

（1）定时方式　定时方式是根据飞机或机件的工作时间来确定修理周期，按照统一规定的时间，不管机件状态如何都要进行拆卸修理的方式。

定时方式的优点是以时间确定检查周期，便于组织计划及掌握，管理比较简单。缺点是以机件使用时间作为控制修理周期的单一参数，不能有效地预防那些与使用没有直接关系的故障。这是一种工作量大、效率低、耗费多的修理方式。

定时方式曾经是控制修理的唯一方式。当这种方式的传统修理思想变革为现代修理思想后，依然保存下来。今日的定时方式不仅依据过去的经验性，还被赋予了科学的内容，这在一定程度上降低了经验性和保守性所带来的不良后果。

（2）视情方式 视情方式是根据装备本身的技术状况，有针对性地进行修理的方式。它要求在装备发生功能故障前就采取措施，因此视情方式是一种预防性的修理方式。

视情方式认为机件的耗损故障发展较缓慢，从潜在故障发展到功能故障必然有其发展过程和特征（如恶化参数），据此恰当地拟定检测时间间隔，当恶化参数达到极值时，作出更换决定，可达到预防故障的目的。视情方式的适用范围如下：

1）属于耗损故障的机件，根据其具有的发展缓慢的特点，能估计出从潜在故障发展为功能故障所需的时间，能制定出恶化参数标准可供检测，并有适用的监控手段进行检查。

2）机件发生故障对飞行安全有直接危害，并有状况恶化参数标准可供监控设备检测。

3）属于隐蔽功能（机件、系统正常工作与无信号显示）又能够不需拆卸的机件。

视情方式是随着技术装备和监控手段的发展而发展起来的一种修理方式，其优点很明显，能够有效地预防故障，在机件的工作寿命内，减少修理工作量，节省人力、物力及成本，提高飞机利用率，避免了人为差错和早期故障。

（3）监控方式 监控方式是指依靠收集分析机件的故障信息和对机件在使用中的状况，进行连续监控而决定修理措施的维护方式。把机件状况的视情检查提高到连续监控，在机件的工作寿命内，修理工作量很少，极大限度地避免了人为差错，使修理工作由被动变为主动，是一种比较理想的修理方式。但是，监控方式是以飞机机件可靠性高，监控手段先进为前提，即机件本身固有可靠性高，不易发生故障。这种方式适用的机件的必备条件是：

1）无隐蔽功能而且故障对安全无直接危害的非耗损的机件。

2）具有对安全性无直接危害的耗损故障的机件，虽可用定时方式或视情方式修理，但故障后果的影响小于预防修理费用的，可以进行维修。

3）对无法预知故障情况的机件，只要对安全无直接危害的，可先用此方式，待取得经验后，再选用更合适的方式。

定时、视情、监控这三种修理方式都是在长期的维护实践过程中产生和发展起来的。究竟采用何种修理方式，是对具体修理对象而言的，要对具体对象进行具体分析后分别确定。在同一架飞机修理中，三种修理方式是相互配合使用的，目前人们所进行的定时检修（定检），其中有很多内容实质上属于视情方式，不能认为定时检修就是定时方式。

3. 航空装备的大修

航空装备的大修是指对使用到规定时限或耗损到规定状态的航空装备，在核准的大修工厂（或原生产厂）内，通过分解、故障检查、修理、调整试验，使其达到拟新状态的修理作业及一切技术措施的总和。其目的是恢复航空装备在设计和制造中所赋予的功能和固有可靠性，或者通过改装来增加设备的功能，提高装备的固有可靠性。

（1）大修的类型　有校正性修理、预防性修理和改进性修理三种类型。

1）校正性修理。校正性大修是指把有故障的装备修复到技术标准所规定的状态。

2）预防性修理。预防性修理是指凡用到规定时限的装备，不管是否发生故障，都要进行的一种修理。这时修理的主要目的是为了检查、修理，又称预防性大修。

3）改进性修理。改进性修理是指为了实现装备的性能要求，而对装备在排除故障、定期维护的同时，对装备进行的改装、加装，以改善装备的性能和可靠性。

（2）大修的规律　大修的规律是航空装备进行大修时，应该遵守的维护规律。

1）任何可进行破坏性分解的装备都是可大修的。

2）大修必须排除所有被发现的功能故障和潜在故障。

3）功能故障的后果决定故障检查的方法和修理深度。

在飞机大修过程中，只有对故障后果的严重程度作出正确判断，才能确定合理的检查方法。故障有各种表现形式，具有各种不同的特征。所以不能对所有故障规定统一的检查方法。就裂纹来说，各种检查方法的灵敏度和准确性是不同的，其适用范围也不同。笼统地说，如果机件功能的丧失或故障后果可能危及安全，则应采用最严格的检查方法、最精确的检查手段进行故障检查。

4）如果机件的故障是不明显的，那么大修时必须检查这一机件的功能状态。

5）若故障后果是经济性的，则必须根据整个修理过程的经济性加以判定。

从经济性来衡量大修必须保证经济效益最佳，即更低的修理费用、更高的装备利用率。

6）大修成本主要取决于装备的固有可靠性、可检性和维护性，机件的校正性修理费用决定于机件的故障类型和要求的精度。

7）所有故障后果等级都是由装备的设计特性决定的，大修中只有采取重大的加工、改装措施才能改变有关的故障后果等级。

8）每种装备必然存在有效的大修大纲，使装备的固有可靠性得到恢复。这个可靠性水平是由每个机件的设计和生产制造过程决定的。大修只能保证每个装备达到其固有可靠性，而不能使可靠性超出原设计所赋予的水平。

9）装备的大修时限主要与相关故障的规律和故障后果相关。

10）从总体上来说，装备是否值得大修，除了技术原因以外，还要用大修经济合理性原则加以判断。当大修的费用超过一定的限度以后，装备就不值得大修了。

（3）首次大修时限的确定　大修时限是指新装备从投入使用到大修，或者大修后的装备从重新投入使用到下次大修所经历的工作时间和日历持续的时间，其中新装备第一次大修之前的工作时间叫首次大修时限。首次大修时限的确定取决于装备的可靠性、安全性和经济性三个方面。

1) 可靠性。合理的大修时限必须使装备在大修时限到达之前保持足够的可靠性水平，这种可靠性水平一般用可靠度、故障率或者任务可靠度表示。

2) 安全性。装备的安全性是指装备发生人身安全事故及其潜在危险的可能性。安全性用与装备安全相关的故障率来衡量，合理的大修时限必须保证在大修时限到达前将这种故障率控制在足够低的水平，应对这种故障率制订一个合理的控制指标。

3) 经济性。合理的大修时限应使装备的经济性最好。对军用飞机来说，可以用下一个大修时限内的修理总费用与利用率的比值来衡量经济性。下一个大修时限内的修理总费用还包括当次大修费用，这个比值越小越好。

4. 航空修理的方法

航空装备的修理可以分为平时修理与战时修理两种情况。平时修理的目的是恢复装备的固有可靠性和安全性，把飞行安全放在首位。战时修理的目的是保证飞机有最大的战斗出动架次，要求在短时间内把战伤飞机恢复到可再次投入战斗的状态。无人机的修理同样分为平时修理和战时修理。修理方法主要有原件修理、拆拼修理、换件修理和应急修理等。

(1) 原件修理　原件修理是利用现场的有效措施恢复损伤单元的功能或部分功能，以保证装备（飞机或无人机）完成当前作战任务或自救。

原件修理的方法有：清洗、清理、调校、矫正、冷/热校正、焊接、焊补、钏接、栓接、刷镀、喷涂、粘接、涂敷和等离子焊接等方法。针对飞机具体的损伤部位，可以采用其中一种或多种方法进行修复，如：

1) 机体结构裂纹。在裂纹较短的情况下，可对裂纹进行打止裂孔的方法进行修理；裂纹较长时，在其两端或一端钻止裂孔后采用彻接贴补修理的方法。

2) 机载仪表设备指示不准确。对产生故障的仪表在机上或拆下进行调校修理。

3) 管路堵塞。对飞机上液压、冷气管路的堵塞，可采用清洗、清理方法修理。

4) 零件脱落与裂纹。对飞机零件的脱落与裂纹，首先应找到脱落零件或裂纹部位，进行表面打磨，清洗干净，然后采用焊接或粘接方法修复。

(2) 拆拼修理　拆拼修理是指拆卸同型或不同型装备上接口、支座相同的类似部件或单元，替换损坏的部件或单元，即同型拆换与异型拆换。类似部件或单元可来自本飞机的非基本功能部分，同类型飞机相同部件，其他型号飞机或装备。

拆拼修理的方法在备件采集中使用的比较多。

(3) 换件修理　换件修理是利用性能上具有互换性的单元或原材料、油液、仪器仪表、部附件更换受损伤的部件，以恢复装备的基本功能或自救。

换件修理首先要考虑部件之间是否具有互换性，其次要考虑器材的供应情况，再次要考虑修理费用和器材采购、运输方面的问题。

换件修理是战伤抢修中经常采用的一种方法，它具有节约修理时间、工具设备和人力的特点；故障判断的步骤较简要明确，困难较少；对修理环境、人员的熟练程度要求较低，可在野战条件下快速修复装备。

（4）应急修理　应急修理是当修理现场由于人力、物力和时间等条件限制，允许按规定放宽使用标准或限制使用范围，而暂不考虑飞机长期使用的一种修理方法。应急修理可分为替代和重构两种方法。

1）替代。替代是指用性能上有差别的单元、仪器仪表、工具（结构或外形尺寸上必要时可做一些修改加工）、原材料、油料来替代损伤或缺少的部件，以恢复装备的基本功能或部分功能。替代可能是"以高代低"，也可能是"以低代高"。

2）重构。将战伤飞机重新构成能完成基本功能或执行当前任务技术状态的过程，叫重构。重构的作法有切换、旁路两种。

切换是指通过转换开头或改接线路，接通备用系统中的部件，以脱开损伤部分，或将非基本功能线路改为基本功能线路。旁路是指除去或脱开损伤有关的部分，使其不影响装备的使用功能和当前任务的执行。

应急修理是一种临时性的修理措施，其修理方法与工艺应根据当时的条件（损伤情况、备件条件及人员素质）选择一种或多种。方法及工艺一般来源于平时的研究成果和经验的积累，并随新机种、新材料、新工艺的发展而变化。

5. 动力系统维护

电动动力系统的组成包括电机、电调、蓄电池、螺旋桨四个部分；油动动力系统包括燃油系统、滑油系统、冷却系统、点火系统四个部分。

1）电机的维护包括卡簧更换、顶丝更换、线路焊接、电机更换。

2）电调的维护包括焊接、做线、做接头。

3）蓄电池的维护包括更换线路和接头。

4）螺旋桨的维护包括桨叶损伤修复、桨叶更换。

5）油动发动机的维护包括更换配件、新发动机的磨合、油针的调试。

6. 机体维护

无人机的机体材质主要有玻璃纤维、碳纤维、木质等，对机体的维护主要是进行修复性维护。具体内容如下：

1）玻璃纤维机体损坏维护。用玻璃丝布配合环氧树脂胶来维护。

2）碳纤维机体损坏维护。更换碳纤维与碳纤维粘接修复。

3）木质机体损坏维护。胶水（AB胶、环氧树脂胶、乳白胶）粘接。

4）起落装置维护。换部件，轻微形变可以进行简单维护。

7．航电设备维护

调试、更换线材、更换天线、更换接头。

8．培训标准

维护理论培训标准，见表0-1。

表0-1 维护理论培训标准

序 号	培训项目	培训标准
1	维护指导思想	能复述以可靠性为中心的维护指导思想
2	修理方式	能复述定时方式、视情方式、监控方式的内容
3	航空修理方法	能复述原件修理、拆拼修理、换件修理、应急修理的内容
4	动力系统组成	能复述电机、电调、蓄电池、螺旋桨等内容
5	电机的维护	能够独立进行卡簧更换、顶丝更换、线路焊接、电机更换
6	电调的维护	能够独立进行焊接、做线、做接头
7	蓄电池的维护	能够独立更换线路和接头
8	螺旋桨维护	能够独立完成桨叶损伤修复、桨叶更换
9	油动发动机的维护	能够独立完成配件更换、发动机的磨合、油针的调试
10	机体维护	能够进行玻璃纤维机体损坏维护、碳纤维机体损坏维护、木质机体损坏维护、起落装置维护
11	航电设备维护	能够进行调试、更换线材、更换天线、更换接头

第2节　维护工具与设备

维护工作需要用到的工具和设备的型号、规格很多，在维修过程中，常用的工具和设备有测量工具、拆卸工具、敲击类工具、夹持工具、拧动工具、冲击工具、雕刻工具、清洁工具，以及万用表、转速表、测电器、便携式风速仪等。

1．常用测量工具

常用测量工具有水平仪、游标卡尺、万用表等。

（1）水平仪　水平仪主要用来进行水平校准，如电机座、机臂、电机、飞行控制器（飞控）水平校准。水平仪实物，如图0-1所示。

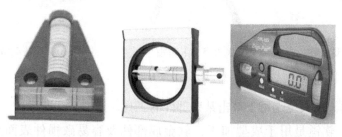

图0-1 水平仪

（2）游标卡尺　游标卡尺是用来测量内径、外径及深度。游标卡尺的组成，如图 0-2 所示。

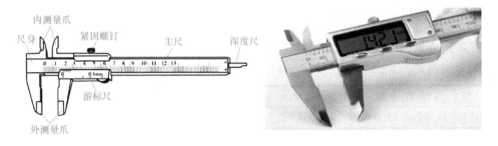

图 0-2　游标卡尺

（3）万用表　万用表是通过测量电压、电阻、电流等来判断设备的故障情况。万用表实物，如图 0-3 所示。

图 0-3　万用表

2. 常用拆卸工具

（1）球头钳　球头钳是用来拆卸球形或有球形结构的工具，如图 0-4 所示。

（2）卡簧钳　卡簧钳是用来安装和拆卸卡簧环的工具，如图 0-5 所示。

（3）振动解刀　振动解刀是用来松动螺纹构件的工具，如图 0-6 所示。

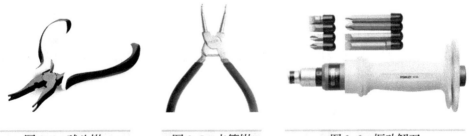

图 0-4　球头钳　　　　　图 0-5　卡簧钳　　　　　图 0-6　振动解刀

3. 敲击类工具

（1）圆头锤　圆头锤是用于敲击某些部件的工具，如图 0-7 所示。

（2）软锤　软锤是用于成型加工、软金属部件及容易致损件表面敲击的工具，如图 0-8 所示。

4．夹持工具

（1）鱼口钳　鱼口钳是用于夹持部件的工具，如图 0-9 所示。

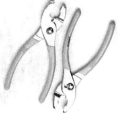

图 0-7　圆头锤　　　　　图 0-8　软锤　　　　　图 0-9　鱼口钳

（2）大力钳　大力钳是用于夹持受力较大部件的工具，如图 0-10 所示。

（3）尖嘴钳　尖嘴钳是用于夹持小物体的工具，可在狭小空间内进行操作，如图 0-11 所示。

（4）斜口钳　斜口钳是用于剪切金属丝、铆钉、开口销和小螺钉的工具，如图 0-12 所示。

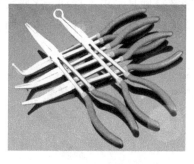

图 0-10　大力钳　　　　　图 0-11　尖嘴钳　　　　　图 0-12　斜口钳

（5）鸭嘴钳　鸭嘴钳是用于增加对夹持物的摩擦力的工具，如图 0-13 所示。

（6）平口钳　平口钳是用于夹持零部件、剪切钢丝的工具，如图 0-14 所示。

（7）卡簧钳　卡簧钳是用于保险卡簧、卡环安装、拆卸的工具，三种形式如图 0-15 所示。

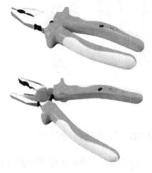

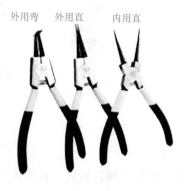

图 0-13　鸭嘴钳　　　　　图 0-14　平口钳　　　　　图 0-15　卡簧钳

（8）扭线钳　扭线钳又称保险钳，是用于快速进行熔体编制的工具，如图 0-16 所示。

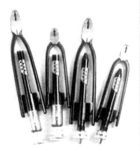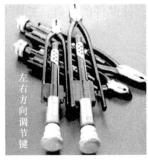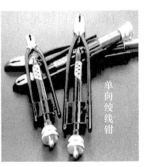

图 0-16　扭线钳（保险钳）

5. 拧动工具

（1）偏置螺钉旋具　偏置螺钉旋具是用于在垂直空间受到限制时，对螺钉的拆卸，如图 0-17 所示。

（2）一字螺钉旋具　一字螺钉旋具是用于拧动一字螺钉的工具，如图 0-18 所示。

（3）十字螺钉旋具　十字螺钉旋具是用于拧动十字螺钉的工具，如图 0-19 所示。

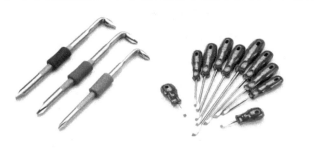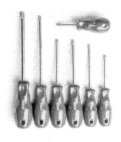

图 0-17　偏置螺钉旋具　　　图 0-18　一字螺钉旋具　　　图 0-19　十字螺钉旋具

（4）气动螺钉旋具　气动螺钉旋具是用气源作动力的螺钉旋具，如图 0-20 所示。

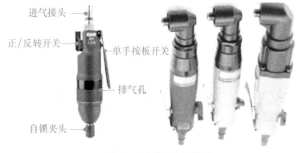

a）气动螺钉旋具组成　　　　　　　　　　　　b）实物

图 0-20　气动螺钉旋具

（5）棘轮式螺钉旋具　棘轮式螺钉旋具是一种可更换螺钉旋具头的快速拧动螺钉的手动快速螺钉旋具，如图 0-21 所示。

a) 手动多用途棘轮螺钉旋具　　b) 手动棘轮螺钉旋具　　c) 多用棘轮螺钉旋具

图 0-21　棘轮式螺钉旋具

（6）呆扳手　呆扳手又称开口扳手，是用于拧动螺母（螺栓）的工具，如图 0-22 所示。

（7）梅花扳手　梅花扳手是用于拧动受力较大的螺母（螺栓）的工具，如图 0-23 所示。

（8）组合扳手　组合扳手是一端是梅花扳头，另一端是同样尺寸的呆扳手头的拧动工具，如图 0-24 所示。

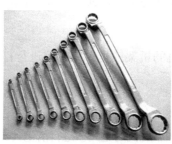
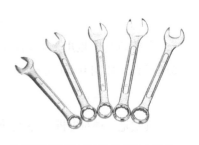

图 0-22　呆扳手（开口扳手）　　　　图 0-23　梅花扳手　　　　　图 0-24　组合扳手

（9）内六角扳手　内六角扳手是用于拆装大型六角螺钉或者螺母的拧动工具，如图 0-25 所示。

（10）棘齿开口扳手　棘齿开口扳手是一端为呆扳手头，一端为棘轮扳手头的快速拧动工具，如图 0-26 所示。

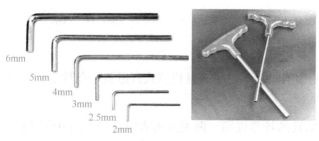

图 0-25　内六角扳手　　　　　　　　　图 0-26　棘齿开口扳手

（11）棘轮梅花扳手　棘轮梅花扳手是一种可按要求向同一方向连续转动而锁住另一方向，从而完成快速紧固（拧松）的拧动工具，如图 0-27 所示。

（12）套筒扳手　套筒扳手由套在螺母或螺栓头上的套筒和连到套筒上的手柄组成拧动工具，如图 0-28 所示。

图 0-27　棘轮梅花扳手

图 0-28　套筒扳手

6. 冲击工具——冲击螺钉旋具

冲击螺钉旋具由一套专用刀头、专用套筒头和带有六角面的冲击筒组成的用于拆卸某些较大且拆卸周期比较长的紧固件的工具，如图 0-29 所示。

7. 雕刻工具——手持雕刻机

手持雕刻机是用来对无人机的机架或机臂等部位进行打孔、扩孔、扫边等操作的一种修理工具，如图 0-30 所示。

8. 清洁工具——气吹

气吹是一种对电机、飞控、伺服舵机的电路板进行清尘、去灰处理的工具，如图 0-31 所示。

图 0-29　冲击螺钉旋具　　　　图 0-30　手持雕刻机　　　　图 0-31　气吹

9. 万用表

（1）万用表的类型　常用的万用表有指针式万用表（模拟式万用表）和数字式万用表两类，如图 0-32 所示。

（2）两类万用表按键、旋钮、插孔的符号说明　两类万用表的符号如图 0-33 所示，部分按键、旋钮、插孔的符号说明如下：

1）Power：电源开关；

2）HOLD：锁屏按键；

3）B/L：一般为背光灯；

4）V—或 DCV：直流电压档；

5）V～或 ACV：交流电压档；

6）A—或 DCA：直流电流档；

7）A～或 ACA：交流电流档；

8）Ω：电阻档；

9）—▷▶—：二极管档也称蜂鸣档；

10）F：表示电容档；

11）H：表示电感档；

12）Hfe：表示晶体管电流放大系数测试档。

一般数字式万用表有四个插孔，分别是 VΩHz 插孔、COM 插孔、mA 插孔、10A 插孔。

a）指针式万用表（模拟式万用表）

b）数字式万用表

图 0-32　万用表

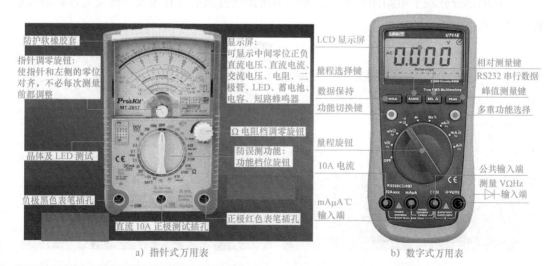

a）指针式万用表　　　　　　　　　　b）数字式万用表

图 0-33　认识万用表

（3）使用数字式万用表测量电流　根据被测电流大小选择插孔，如图 0-34 所示。

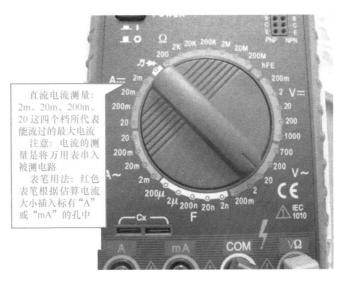

图 0-34　数字式万用表测量电流

1）测量 mA 级或 μA 级的电流时，将红色表笔插入 mA 电流专用插孔，黑色表笔插入 COM 插孔。

2）测量高于 mA 级别的电流时，将红色表笔插入 10A，黑色表笔插入 COM 插孔。

3）测量时需将红 / 黑色表笔串联于电路中，如果测量结果显示"1"，说明量程过小，要增大量程测量。

（4）使用数字式万用表测量电压　测量交流电压时，将功能旋钮旋转至交流电压档 V ～（ACV）测量，如图 0-35 所示。测量直流电压时，将功能旋钮旋转至直流电压档 V—（DCV）测量，如图 0-36 所示。将红色表笔插入 VΩ 插孔，黑色表笔插入 COM 插孔，然后将被测部分并联于电路测量电压。如果不能预估被测信号有多大，则要先选择最大量程测量，再根据需要转换量程。

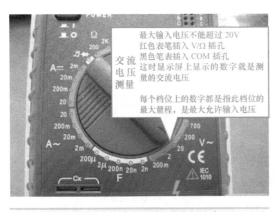

图 0-35　数字式万用表测量交流电压

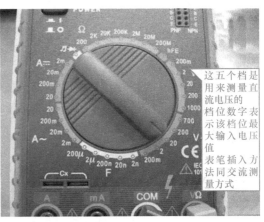

图 0-36　数字式万用表测量直流电压

（5）用数字式万用表测量电阻 将被测电阻与相关电路断开，将功能旋钮旋转至电阻（Ω）测量档，选择适当量程。将红色表笔插入插孔，黑表笔插入 COM 插孔，短接两表笔，测出表笔线的电阻值，一般在 0.1～0.3Ω，电阻值不能超过 0.5Ω，若超过则说明万用表的电源电压低于 9V，或者刀盘与电路板接触有松动。两表笔接在电阻器的两端，不分正负极。如果在测量中发现万用表显示数字"1"，则要使用最大档再测一遍，若仍显示数字"1"，则说明该电阻开路；如果在测量中发现电阻值为"001"，则说明该电阻内部被击穿。

注意测量时不要用手去握表笔金属部分，以免并联入人体的电阻，引起测量误差。

（6）用数字式万用表测量二极管 测量二极管要使用二极管蜂鸣档。将功能旋钮旋转至─▷|─档。红色表笔插在 VΩ 插孔内，黑色表笔插在 COM 插孔内，两支表笔的前端分别接在二极管的两极，然后颠倒表笔再测一次。

如果两次测量的结果一次显示数字"1"，另一次显示数字为零点几，则此二极管正常；如果两次显示的数字都相同的话，则此二极管已经损坏。

（7）使用数字式万用表测量电容 将电容两端短接，对电容进行放电，确保数字式万用表的安全。将功能旋转开关旋转至电容（F）测量档，并选择合适的量程将电容插入万用表 C-X 插孔。读出 LCD 显示屏上的数字。

（8）万用表使用注意事项 如果无法预先估计被测电压或电流的大小，则应先将量程开关拨至最高量程档测量一次，再视情况逐步把量程减小到合适位置。测量完毕，应将量程开关拨到最高电压档，并关闭电源。满量程时，万用表仅在最高位显示数字"1"，其他位均消失，这时应选择更高的量程。测量电压时，应将万用表与被测电路并联。测电流时，应将万用表与被测电路串联，测直流量时不必考虑正、负极性。当误用交流电压档去测量直流电压，或者误用直流电压档去测量交流电时，显示屏将显示数字"000"，或低位上的数字出现跳动。禁止在测量高电压（220V 以上）或大电流（0.5A 以上）时换量程，以防止产生电弧，烧毁开关触点。

10. 转速表

转速表是用来测量无人机螺旋桨转速的测量工具，如图 0-37 所示。

图 0-37 测量遥控模型无人机螺旋桨的转速

（1）测量方法　按 <Power> 键 1s 后测试仪开机，按 <Set> 键设置要测试的风扇叶数。将转速表置于螺旋桨旋转面前方，当测试结束后显示屏会自动显示最高转速。

（2）使用注意事项　测试时请保持 5 ～ 10cm 距离，以免螺旋桨或风扇伤到人，尽量在自然光线比较好的地方，并尽量保持测试仪不要抖动，以免引起测试误差。

11. 测电器

测电器是用于测量（适用于 2-7S 各种蓄电池、4-7S 镍氢 / 镍镉电池、锂离子电池等）电压值，以判断蓄电池的剩余电量的测量设备，如图 0-38 所示。

图 0-38　测电器

（1）蓄电池的相关性能数据及符号含义

1）锂离子电池电压检测精度：±0.001V。

2）锂离子电池每片电压显示范围：3.0 ～ 4.2V。

3）1S 蓄电池电压检测范围：3.0V ～ 4.2V。

4）2-7S 锂离子电池总电压检测显示范围：6V ～ 29.4V。

5）4-7S 镍氢 / 镍镉电池检测显示范围：4.8V ～ 10.5V。

6）LiPo —— 锂聚合物电池（高分子锂离子电池）。

7）LiFe —— 锂镁电池。

8）Li-Ion —— 锂离子电池。

9）NiMH —— 镍氢电池。

10）NiCd —— 镍镉电池。

（2）使用方法

1）通过按 <TYPE> 键，可以选择相应蓄电池类型（LiPo/LiFe/Li-Ion），并显示相应的电压和电量值。

2）通过按 <MODE> 键，可以选择显示总电压和蓄电池节数（TOTALI）、最大的电压和蓄电池数（MAX）、最小的电压和蓄电池数（MIN）、最大电压和最小电压的电压差（MAX-MIN）。

3）通过按 <CELL> 键，可以查看各节蓄电池的电压和电量，总电压和总电量。在镍氢 / 镍镉电池模式下，可以测试蓄电池电压，检测范围 3.600V ～ 15.000V/ 电量。

4）通过按 <CELL> 键，可以查看各节蓄电池的电压和电量，总电压和总电量。

（3）使用说明　若是测锂离子电池，则将蓄电池平衡头上的负极对准 2-7S 电显排针端的 "−" 极端，平衡头上的其他孔位依次插入电线排针内；若是测镍氢 / 镍镉电池组，输出插头的负极对准电显 3PIN 排针端的 "−" 极。

12. 便携式风速仪

便携式风速仪是用于测量风速大小的测量仪器。

GM816 风速仪，如图 0-39 所示。面板功能见图 0-39a，温度设置见图 0-39b 温度转换孔。

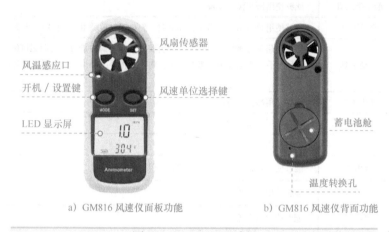

a) GM816 风速仪面板功能　　　b) GM816 风速仪背面功能

图 0-39　GM816 风速仪

风速仪的操作使用如下：

（1）开机　按 <MODE> 键并保持 2s 左右，此时 LED 显示屏显示风速、温度值及蓄电池图标，同时 LED 背光灯亮，大约 12s 后，LED 背光灯熄灭。

（2）风速单位和测试模式设置

1）风速单位设置。按 <MODE> 键大于 3s 进入设置状态，此时可看到 "m/s" 风速单位闪动，按 <SET> 键可进行选择，再按 <MODE> 键进行确认。关机后，上述设置自动保存，更换蓄电池后，数据不再保存，产品恢复到预设状态。

2）测试模式设置。"CU" 为当前风速，"MAX" 为最大风速、"AVG" 为平均风速。

（3）温度单位设置　温度有摄氏度和华氏度两种显示模式。温度转换开关在机身背面，卸掉硅胶外壳，可以看到温度转换孔，如图 0-39b 所示。用一个小的金属条插入圆孔按压一下，即可转换一次温度模式。

（4）背光　每按任何一键，背光灯亮，保持 12s 左右熄灭。

（5）测量　当风叶转动的时候，可实现风速测量，屏幕上显示风速值、温度值以及蒲福风级，当温度低于 0℃时，有冷冻 "WIND CHILL" 提示。

（6）关机　同时按 <MODE> 与 <SET> 键 2s 即可关机。

（7）自动关机　开机 14min 后无任何操作则自动关机。

13．培训标准

维护工具与设备培训标准，见表 0-2。

表 0-2　维护工具与设备培训标准

序　号	培训项目	培训标准
1	常用测量工具	能够使用水平仪、万用表、游标卡尺
2	常用拆卸工具	能够使用球头钳、卡簧钳、振动解刀
3	敲击类工具	能够使用圆头锤、软锤
4	夹持工具	能够使用鱼口钳、大力钳、尖嘴钳、斜口钳、鸭嘴钳、平口钳、卡簧钳、扭线钳
5	拧动工具	能够使用偏置螺钉旋具、一字螺钉旋具、十字螺钉旋具、气动螺钉旋具、棘轮式螺钉旋具、呆扳手、梅花扳手、组合扳手、内六角扳手、棘齿开口扳手、棘轮梅花扳手、套筒扳手等工具
6	冲击工具	能够使用冲击螺钉旋具
7	雕刻工具	能够使用手持雕刻机
8	清洁工具	能够使用气吹
9	万用表	能够使用指针式万用表（模拟式万用表）、数字式万用表
10	转速表	能够使用转速表
11	测电器	能够使用测电器
12	便携式风速仪	能够使用便携式风速仪

维修部件与系统

本项目的主要内容有维修遥控器、维修机体、维修电机与螺旋桨、维修电调和分电板、维护蓄电池、维护任务系统、维护 10mL 汽油发动机的相关内容。

任务 1 维修遥控器

学习目标

通过维修遥控器训练，培养学生使用遥控器、检查遥控器、改装遥控器、维修遥控器的技术能力和利用遥控器进行舵机反向、功能通道设置、舵机行程量调试的能力。

任务情境

某校模拟训练室有 25 台模拟训练器，配有 26 台遥控器（1 台为备份遥控器），其中有 24 台美国手遥控器，2 台日本手遥控器。参加训练的两个班学员有 40 人，其中有 10 名同学使用日本手遥控器，需要对其中的 5 台美国手遥控器进行改装，从美国手遥控器修改为日本手遥控器，完成修改后能够对遥控器进行检查、调试。

任务要求

1. 知识要求

（1）掌握遥控器的组成。

（2）掌握遥控器各部件的作用。

（3）掌握维修、改装遥控器的基本知识。

（4）掌握调试遥控器的基本知识。

2. 技能要求

（1）能够正确设置使用遥控器。

（2）能够进行拨杆的改装、维修。

（3）能够进行拨杆的改装、维修。

（4）能够进行遥控的调试。

任务分析

遥控器改装需要了解遥控器的内部结构，以及部件之间的相互关系，能够利用工具设备独自进行拨杆等部件的更换，能够根据使用习惯对遥控器的拨杆进行改装，以保证参训人员能够获得符合自己习惯的遥控器。

任务实施

1. 认识遥控器

遥控器外形及各部分的名称，如图 1-1 所示。

a) 外形

LED 状态显示灯　　　天线　　　旋钮（LD、RD）

开关键（SA、SB、SE、SF）　　　　　　　开关键（SC、SD、SG、SH）

滑动杆（LS）　　　　　　　　　　　　滑动杆（RS）

操纵杆　　　　　　　　　　　　　　操纵杆

（J3）　　　　　　　　　　　　　　　　（J2）

（J4）　　　　　　　　　　　　　　　（J1）

HOME/EXIT　　　　　　　　　　　U.MENU/MON.
（返回主页面/退出按键）　　　　　　（用户菜单 / 舵机
行程显示键）

数字微调
（T1、T2）

数字微调（T3、T4）

触摸传感键
（SYS、LNK、
MOL、RTN、S1）

电源开关　　挂钩　　电池舱盖　　LCD 液晶显示屏
b）各部分名称

图 1-1　遥控器的外形及各部分名称

（1）模拟量控制部件

1）操纵杆（J1、J2、J3、J4）。输入控制模拟量，可用于操控无人机的俯仰、滚转、油门、航向。

2）旋钮（LD、RD）。模拟量输入开关，可用于控制舵机的连续运行。

3）滑动杆（LS、RS）。模拟量输入开关，可用于控制舵机的连续运行。

（2）开关量控制部件

1）开关键（SA、SB、SC、SD、SE、SF、SG、SH）。

①SA：3 个档位、自锁定开关、短杆。

②SB：3 个档位、自锁定开关、长杆。

③SC：3 个档位、自锁定开关、长杆。

④SD：3 个档位、自锁定开关、短杆。

⑤SE：3 个档位、自锁定开关、短杆。

⑥ SF：2 个档位、自锁定开关、长杆。

⑦ SG：3 个档位、自锁定开关、短杆。

⑧ SH：2 个档位、自复位开关、长杆。

2）数字微调（T1、T2、T3、T4）。点动操作数字微调，可控制微调位置按固定跨度移动；长按数字微调，微调位置的移动速度会加快。

（3）HOME/EXIT 单击返回上一级，长按返回主页面；主页面单击进入遥测画面，主页面长按界面锁定 / 解锁。

（4）U.MENU/MON. 单击进入舵机监控，长按进入用户菜单。

（5）电源开关 控制遥控器系统电源的通断。

（6）触摸传感键

① SYS：双击进入系统菜单，连续滑动进行光标的移动以及数据的更改。

② LNK：双击进入关联菜单，连续滑动进行光标的移动以及数据的更改。

③ MOL：双击进入模型菜单，连续滑动进行光标的移动以及数据的更改。

④ RTN：单击确定。

⑤ S1：菜单界面单击可进行翻页，连续滑动进行光标的移动以及数据的更改。

（7）显示

1）LED 状态显示灯。

红灯（左）：正常使用时红灯常亮，任意条件 LED 状态显示灯红灯闪烁并发出报警声。

蓝灯（右）：无发射信号状态蓝灯熄灭，有发射信号状态蓝灯常亮，测试范围模式蓝灯闪烁两次。

2）LCD 液晶显示屏。LCD 背光屏，可更改亮度、对比度，显示相应的操作界面。

（8）天线 信号的接收与发射，对信号有放大作用，可横向、纵向旋转角度为 90°。

（9）挂钩 用于连接挂带或显示器支架等设备。

2. 改装遥控器

改装遥控器是根据驾驶员的操作习惯，对拨杆进行的改装。

（1）改装遥控器需要的工具 改装遥控器需要的工具包括解刀套装、镊子、钢丝、焊接工具、吸锡器（见图 1-2 和图 1-3）。

图 1-2 解刀套装、镊子、钢丝

图 1-3 焊接工具、吸锡器

（2）拨杆的改装方法与步骤

1）将遥控器断电，取下遥控器蓄电池与两侧护手（见图1-4）。

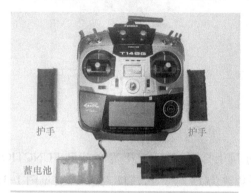

图1-4　拆下护手、蓄电池

2）用螺钉旋具把遥控器后盖拆下（见图1-5）。

图1-5　拆下后盖

3）分别将左手阻尼机构（见图1-6）和右手回弹机构（见图1-7）拆下。

图1-6　左手阻尼机构　　　　　　　图1-7　右手回弹机构

4）把回弹机构用镊子和钢丝装到左手位置，阻尼机构装到右手位置（见图1-8）。

图1-8　调整阻尼和回弹机构位置

5）重新安装遥控器，并上电开机（见图1-9）。

图1-9　遥控开机

6）在LCD液晶显示屏上打开LINKAGE菜单找到FUNCTION（见图1-10）。

7）把通道对应关系更改为J3对应T2，J2对应T3（见图1-11）。

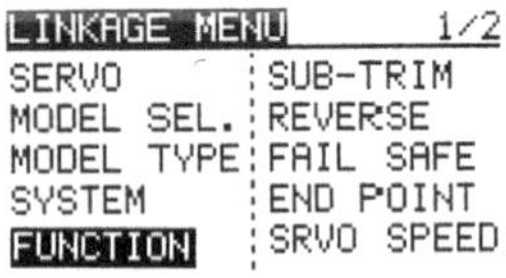

```
LINKAGE MENU      1/2
SERVO     | SUB-TRIM
MODEL SEL.| REVERSE
MODEL TYPE| FAIL SAFE
SYSTEM    | END POINT
FUNCTION  | SRVO SPEED
```

图1-10　打开LINKAGE菜单

```
FUNCTION   NORMAL 1/4
            CTRL TRIM
1 AIL    J1   T1 SEPAR
2 ELE    J3   T3 SEPAR
3 THR    J2   T2 SEPAR
4 RUD    J4   T4 SEPAR
```

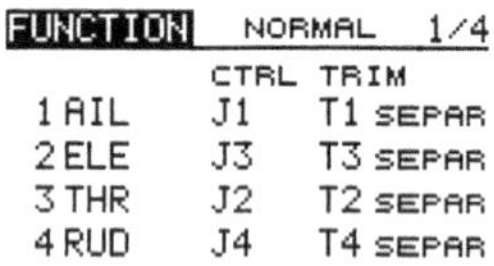

图1-11　更改通道映射

3. 维修拨杆

1）遥控器断电并拆卸遥控器（方法见图1-4和图1-5）。

2）用螺母扳手（见图1-12）等工具拆卸遥控器拨杆模块（见图1-13）。

3）把坏掉的钮子开关用焊接工具拆掉后更换新的钮子开关（见图1-14）。

图1-12　螺母扳手

图1-13　遥控器拨杆模块

图1-14　钮子开关

4. 改装遥控器的注意事项

1）拆卸的部件按照顺序进行摆放。

2）安装时按照与拆卸相反的顺序进行。

3）安装过程防止漏装螺钉等小型部件。

5. 调试遥控器

（1）调试顺序

1）对频。遥控器与无人机对频。

2）调试。通过调节遥控器的各种参数来实现无人机与遥控器的联调。一般无人机对频完成后需要调节遥控器舵机反向（Servo Reverse）、功能设置（Function）、舵机行程量（End Point）等来进行遥控器的联调（以Futaba遥控器为例）。

（2）调试的内容

1）舵机反向的调试。在新的模型连接完毕后，需要确认舵机所对应的相应通道是否正确。接下来，试着操作各操纵杆、开关，确认各通道的动作方向是否正确，判断是否需要反向操作。

① 将光标移动至需要进行反向操作的通道上。按 <RTN> 键切换到数据输入模式。

② 滑动触摸传感键面板，显示"REV"（Reverse 反向）或"NORM"（Normal 正常）。此时闪烁显示。

③ 按 <RTN> 键完成舵机动作的反转，并恢复到光标移动模式。

小贴士

中途要取消操作，可滑动触摸传感键或按 <S1> 键。

④ 对于需要进行反向操作的各个通道，重复以上操作（见图1-15）。

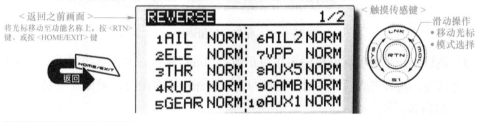

图1-15　通道反向操作

2）功能设置通道的置换。

① 将光标移动至需要变更的通道号上，按 <RTN> 键切换到数据输入模式。

② 滑动触摸传感键面板，选择置换后的通道号。

③ 按 <RTN> 键进行通道置换。

④ 可以将各通道功能设定和开关通道设定合并后置换（见图1-16）。

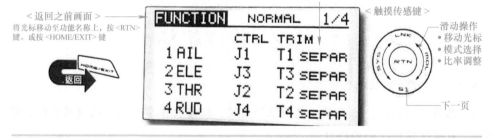

图1-16　通道映射

3）舵机行程量 End Point。End Point 是用来调整舵机左右两方向转动行程和差速转动的，并可以用来纠正不正确的连接设定。两方向行程可以在0%～140%之间进行调整（通道1～通道12，FASSTest-12CH 模式）。最大行程量限制点可以在0%～155%之间调整，舵机行程量调整如图1-17所示。设定此限制点后，即使混控等操作使得舵机行程量增加，舵机的动作也不会超越限制点，从而起到保护舵机的锁定和连接的作用。

① 将光标移动至想要设定的通道的行程量上（内侧数值 1 初始值为 100%），按 <RTN> 键切换到数据输入状态。

② 滑动触摸传感键面板，进行调整。初始值为 100%，调整范围为 0% ～ 140%。调整后，按 <RTN> 键恢复到光标移动模式，调整时，按住 <RTN> 键 1s，可恢复到初始值。

③ 在各通道上重复这一操作。

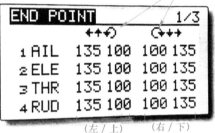

图 1-17　舵机行程量调整

（3）调试的注意事项　调试时要按照正确步骤进行调试，确认好美国手、日本手再进行无人机试飞，调节完成后试飞时一定要与无人机保持安全距离，避免发生安全事故。

6. 培训标准

维修遥控器培训标准，见表 1-1。

表 1-1　维修遥控器培训标准

序 号	培训项目	培 训 标 准
1	认识遥控器	能够识别遥控器各部分名称、功能按键，能进行功能按键设置
2	改装遥控器	能够使用工具设备，改装遥控器。日本手换美国手、美国手换日本手
3	维修拨杆	能够拆卸拨杆，能够更换拨杆
4	调试遥控器	能够安装调试软件，能够使用调试软件调试遥控器

任务 2　维修机体

学习目标

通过维修机体训练，培养学生选用维修用胶、维修机体常见损伤的铺层修理、胶接连接修理、机械连接修理的维修技能。

任务情境

在某次飞行训练中，因操作失误使飞机炸机，导致机身损坏，机臂损坏。损坏后的部件需要进行修理才能使用。需要学员对损坏部件进行检测，并根据检测结果，制订维修方案，选择相应的维修材料，利用维修工具对损坏的机身、机臂等进行修复。

参训人员根据维修方案选择维修材料与工具，遵循维修程序和步骤，练习机体和机臂等损坏部件的修复技能。

任务要求

1. 知识要求

（1）了解胶水的不同作用。

（2）了解维修机体的常用纤维材料。

（3）了解铺层修理的程序和步骤。

（4）了解胶接连接修理的程序和步骤。

（5）了解机械连接修理的程序和步骤。

2. 技能要求

（1）能够根据维修需要选择不同的胶水。

（2）能够根据维修需要选择不同的纤维材料。

（3）能够使用工具和材料进行铺层修理。

（4）能够使用工具和材料进行连接修理。

（5）能够使用工具和材料进行机械连接修理。

任务分析

无人机机体损伤后的维修需要根据机体损伤情况，正确选择材料和工具进行修理。

任务实施

1. 维修用的"胶"

（1）AB胶　外场常用于木质机体维修、结构填充、塑料结构粘接等。特点是干得快、质量大。AB胶使用操作步骤如下：

1）首先被粘接物表面必须洁净、光滑、干燥。

2）将A、B组份按1:1比例混合搅拌均匀，形成AB胶。

3）将AB胶均匀涂在粘接面上，涂均匀后再把两个粘接面用力压紧，让两个粘接面完全吻合不能有空隙。

4）涂过胶的粘接物品至少30min内禁止移位或者挪动，否则会严重影响粘接效果。

5）涂过胶的粘接物品至少4h后才能正常使用及做各类测试，否则其固化效果、粘接寿命以及测试数据会受到影响。

6）操作时，请带隔离手套。若触及皮肤或眼睛，应立即用清水冲洗或就医。

7）粘接后的产品，根据粘接的要求进行工艺上的处理，以免影响效果。

（2）环氧树脂　一种胶粘剂，主要用于对机体进行维修。将树脂与固化剂混合，用刷子涂在机体损伤处，铺沾纤维布，再进行涂刷，直到达到维修要求。特点是质量小，干得慢，强度大。

（3）瞬干胶　用于碳纤维部件的维修。先打磨、再涂瞬干胶。特点是干得快，但不能做结构胶，强度跟粘接物体有关。

（4）白乳胶　木质飞机制作时使用的胶水。特点是质量小，强度较大，干得慢。

（5）泡沫胶　通常用于 KT 板等飞机材质的粘接。一般是制作（组装）飞机时使用。特点是质量小，干得较慢。

（6）热熔胶　通常用于 KT 板等飞机材质的快速粘接。一般是维修时使用。特点是干得快，质量大。

（7）螺钉胶　涂在螺钉的螺纹上，用于螺钉与螺纹之间的连接。

2．维修机体常用的碳纤维材料

（1）常用碳纤维材料　常用碳纤维材料有聚丙烯腈基碳纤维、沥青基碳纤维两类。

（2）碳纤维制品　长纤维、短纤维、碳纤维平纹布、碳纤维缎纹布、碳纤维斜纹布、碳纤维带、布、毡、片、管，宽幅无纺布、碳纤维三维织物等。

（3）碳纤维机架特点　质量小，抗摔性强、抗压能力极强，易组装，易拆卸，稳定性佳，安全性高。

3．维修机体常用的玻璃纤维

（1）玻璃纤维分类　玻璃纤维可分为无碱玻璃纤维、中碱玻璃纤维、有碱玻璃纤维、高强玻璃纤维、耐化学介质腐蚀玻璃纤维、高模量玻璃纤维、低介电玻璃纤维、高硅氧玻璃纤维、石英纤维、含铅玻璃纤维等几类。

（2）玻璃纤维的性能

1）力学性能。拉伸强度较大、断裂伸长率较小，具有很高的力学性能。

2）热性能。热膨胀系数较低、热导率低，是一种优良的绝热材料。

3）电性能。电绝缘性好，常用于制作雷达罩、微波天线的天线罩等。

4）耐环境性能。耐蚀性优良，除氢氟酸外，对一般的酸、碱、盐以及有机溶剂具有良好的耐蚀性。

（3）优点　玻璃纤维具有不燃、耐高温、电绝缘、拉伸强度高、热膨胀系数低、化学稳定性好、价格相对低廉等优点。

（4）玻璃纤维机体特点

1）有效降低机体在飞行中的振动。

2）减小布线难度。

3）强度高。玻璃纤维的拉伸强度较大，超过了合成及天然纤维的强度，也超过了钢铁等合金材料的强度。

4）易组装，易拆卸。在使用过程中，多旋翼无人机机架结构简单，采用铝柱和螺栓连接而成，牢固性强。

4.机体常见损伤

1）按照损伤现象分为脱胶、分层（见图1-18）、凹坑、擦伤、裂纹等几类。

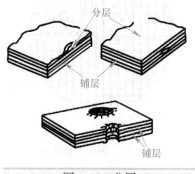

图1-18 分层

2）按照损伤形成原因分为冲击损伤、疲劳损伤两类。

3）按照损伤程度分为可允许损伤、可修理损伤、不可修理损伤三类。

5.检测机体损伤

无纤维材料机体损伤常用的检测方法有目视检测法和敲击检测法两类。

（1）目视检测法　目视检测法可发现擦伤、划伤、穿孔、裂纹、撞击损伤、压痕、雷击损伤、烧伤和紧固件孔损伤、构件边缘的分层和脱胶损伤。检测方法包括：

1）首先凡是能够目视检查到的部位，都必须进行目视检查。

2）目视无法检测到的部位，可借助手电筒、放大镜、反光镜和内窥镜等辅助工具来实施目视检查。

（2）敲击检测法　是采用专用的敲击棒、敲击锤、硬币或者仪器等检测工具轻轻敲击被检测复合材料的结构表面，通过辨听敲击声音的变化来确定损伤的检测方法，如图1-19所示。

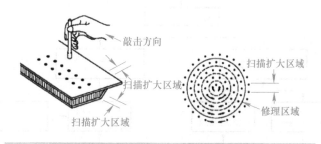

图1-19 敲击检测法

1）可检测的范围。敲击检测法可用于检测复合材料构件的分层、脱胶、树脂固化不完全和某些裂纹等损伤。敲击检测法特别适用于检测层数小于3层的层合板的分层损伤。

2）检测方法。使用敲击检测工具以轻而稳定的动作，以10mm间隔的网格形式敲击检查损伤区域的整个表面，如图1-20所示。

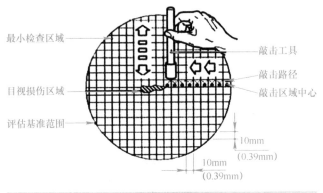

图 1-20　敲击检测区域

3）判断方法。在没有分层或脱胶的区域，敲击时会产生清脆的声音。在有分层或脱胶的区域，敲击时会产生沉闷的声音。

4）注意事项。敲击用力要适度，避免损伤工件表面。在嘈杂的环境下检测，易受干扰。

6. 铺层修理

（1）铺层修理　铺层修理是指清除损伤后，采用湿铺层或预设料实施铺层修理，在室温下或者加热到某温度实现固化的修理方法。

（2）铺层修理流程　铺层修理的流程，如图 1-21 所示。

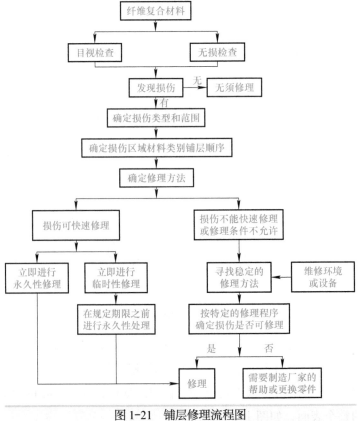

图 1-21　铺层修理流程图

（3）清除结构损伤中的水、水蒸气和灰尘的操作步骤

1）首先用棉布对损坏部分进行擦拭，清除结构损伤中的水、水蒸气和灰尘。

2）在桌面上放置一层棉布织品，将损伤部位平放于布织品上。

3）用电吹风进行干燥。

（4）清除损伤的步骤

1）使用棉布、吸尘器、清洁剂等清理损伤部位。

2）根据损伤大小及形状，画出待去除损伤的划线。

3）根据损伤的大小，对划线部分贴识别胶带进行隔离。

4）根据损伤程度选择使用工具进行切割、打磨，去除损伤部位。

（5）打磨铺层粘接面　在清除损伤后，打磨出铺层粘接型面，粘接型面一般分为铺面平行（层合面板）、铺面斜坡（打磨斜坡）和梯形面（打磨台阶），如图1-22所示。打磨要求为斜坡打磨长与厚比为25:1，梯形面每层梯形面的宽度为12.5mm和25mm。

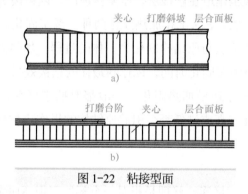

图1-22　粘接型面

（6）清洁修理部位

1）用无绒干净棉布擦拭粘接部位。

2）用溶剂（酒精、丙酮等）清洗打磨表面。

3）使用溶剂时的注意事项：

① 先将溶剂湿润擦拭纸或无绒干净棉布后，再擦拭待清洁的表面。

② 擦拭清洁时一定要将溶剂擦拭干净，切勿让溶剂在擦拭的表面自动挥发或干燥。

③ 重复上面擦拭工作，直至打磨表面清理干净。

（7）调配树脂

1）准备调配工具和纸杯。

2）根据粘接需要量，将A、B组份以体积分数1:1的比例挤入纸杯中混合搅拌均匀，形成AB胶。

3）利用工具调配均匀（A组为树脂，B组为硬化剂）。

4）注意事项。调配后的树脂不能长时间存放。

（8）手工铺层的步骤

1）按照各个铺层修理补片大小，裁剪出合适的纤维材料。

2）用毛刷或其他工具将树脂胶均匀地涂于待粘接面表面。

3）在待铺设修理涂层，选择大小形状合适的纤维材料进行铺设。

注意：补片的纤维方向要与原纤维方向一致。

4）在纤维材料上面铺设一层隔离膜，然后用滚轮或其他工具滚动，消除修理补片的皱纹，有助于后续铺设。

注意：在使用滚轮或其他工具进行处理时，切勿用力过大使之产生贫胶，影响修复后的强度。

5）取下修理层表面的隔离膜，重复步骤 1）～ 4）铺放第二层修理层。重复操作，直至达到修理规定层数或强度。

注意：在每次铺设时一定要将隔离膜取下，否则铺层修理是无效的。

（9）封装　在完成手工铺层后，要将所铺设的修理层用保鲜膜或透明胶进行真空封装。目的是利用外界大气压作用在修理层，压紧修理层，以粘接出质量好的修理面。

（10）固化　固化分为温室固化和加热固化两种。温室固化就是在温室下，树脂从胶糊状逐渐变为固体，使粘接层与原结构固化为一体的过程。加热固化一般分为升温、保温和降温过程，加热固化可缩短固化时间，以达到最佳的粘接效果。

注意：不管是温室固化还是加热固化，一般都要抽成真空。固化温度必须在材料要求极限温度范围内，温度过高或过低都会引起原结构的损伤或材料的固化不够，影响修理质量。

7．胶接连接修理

（1）胶接连接修理　胶接连接修理是指对一个部件因损坏而裂成两个部分，或原有胶接连接构件出现脱胶损伤的情况，以特定的连接形式通过胶粘剂，使之连接成一体恢复其功能的方法。

（2）胶接修理方式　胶接修理有单搭接、双搭接、斜搭接、梯形搭接四种方式，如图 1-23 所示。

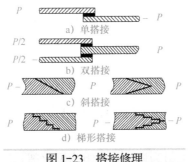

图 1-23　搭接修理

8．机械连接修理

（1）机械连接修理　指在损伤结构的外部用螺栓或铆钉固定一个外部补片，使损伤结构遭到破坏的载荷传递线路得以恢复的修理方法。

（2）机械连接修理方法　通常与胶接一起使用，以达到修复后的使用强度要求。补片与连接面通常先使用胶接进行固定，然后用螺栓进行连接，如图 1-24 所示。

图 1-24　机械连接修理

（3）修理程序

1）确认损伤部位，并清理。

2）选择修理材料。

3）切割维修补片，注意补片的材料、形状、厚度。

4）首先进行胶接，调整所需位置，均匀涂抹调制好的树脂。

5）打孔。注意打孔的工艺，打孔工具尽可能选择铣刀；如果是普通钻头，要尽可能控制好进深，防止纤维复合材料脱胶。

9. 无人机纤维类机架维修实例

故障现象：无人机机臂劈裂、断裂损伤，如图 1-25 所示。

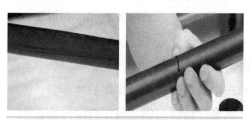

图 1-25　无人机机臂劈裂、断裂损伤

（1）操作准备　准备玻璃纤维布、环氧树脂、固化剂、透明绝缘胶带、刷子、纸杯、硅胶手套、抛光膏、800 目以上砂纸，如图 1-26 所示。

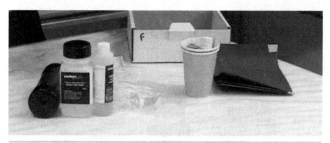

图 1-26　修理常用工具材料

（2）打止裂孔　目的是防止纤维管裂痕进一步扩张，方法是使用 0.8 ～ 3mm 的钻头在每一道裂痕的两端打孔进行止裂。

（3）清理方法

1）先涂上抛光膏。

2）再用 800 目以上砂纸对需要修复的部位进行打磨清理。

要求：打磨至颜色均匀，没有毛刺及不平整部位，如图 1-27 所示。

图 1-27　打磨清理

3）清洁。使用无绒干净棉布或沾有酒精丙酮的擦拭纸擦拭打磨的表面，直至无绒棉布或擦拭纸不再变颜色为止。

注意：打磨出的粉尘，尽可能不要直接接触皮肤。

4）干燥。用无绒干净棉布进行擦拭（见图 1-28），直至带有酒精、丙酮的部位干燥为止。或者使用热风机进行加热干燥。

图 1-28　使用丙酮对损伤部位清理

注意：

① 不要用手直接触碰清洁后的待修理面。

② 修理人员需要佩戴白手套或橡胶手套操作后续步骤。

③ 清洁结束后尽快完成整个修理工作，防止再度污染。

（4）损伤部件固定　选固定支架时，一般选用机体一个方向是固定的，另一个方向为可旋转的，方便后续均匀涂胶，如图 1-29 所示。固定损伤部件并将所需要维修的部位进行对接或位置调整。

图 1-29　损伤部件固定

（5）调和树脂

1）取一个纸杯，将适量的环氧树脂倒入杯中，如图 1-30 所示。

2）然后倒入环氧树脂 80% ～ 95% 的固化剂。

3）搅拌均匀。

图1-30　环氧树脂与固化剂相互均匀混合

（6）涂抹树脂　使用毛刷将调和好的环氧树脂与固化剂混合液均匀地涂抹在需要维修的部位，如图1-31所示。

图1-31　环氧树脂涂抹

（7）铺设纤维布

1）裁剪。裁剪尺寸合适的玻璃纤维布，铺附于刚刚均匀刷好树脂混合液的维修部位，如图1-32所示。

注意：在铺设玻璃纤维布时一定要注意不能出现褶皱，工作过程中应戴好橡胶手套。

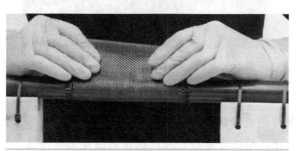

图1-32　纤维布铺设

2）涂铺。使用毛刷将混合好的环氧树脂与固化剂混合液均匀地涂抹在铺设的第一层纤维布上。然后刷涂铺设第二层，如图1-33所示。

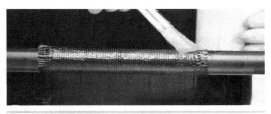

图 1-33　二层铺设

3）铺层。继续铺层，然后重复（6）、（7）步骤，直至完成所需要的铺层数，或达到要求强度。

小贴士

在铺层维修时，断裂损坏一般铺 4 层以上即可达到所需强度，劈裂损坏一般铺 3 层以上即可达到所需强度。

（8）压紧封装　修理完成后，使用透明胶带进行压紧封装。

小贴士

在使用透明胶带时，注意层与层之间禁止重合，如图 1-34 所示，防止固化处理后对外观处理的难度增大。

图 1-34　封装

（9）固化处理　使用热风枪对修复部位加热，加快环氧树脂与固化剂混合物的固化，同时可进一步排除封装内的空气，提高修理质量，如图 1-35 所示。

图 1-35　固化处理

小贴士

为了保证修复结构更加稳定与扎实，建议选用 24h 固化指数的环氧树脂，以此增加化学反应的持久性，增强修复后无人机机体的强度与耐用性。

（10）打磨抛光　固化处理完成后，取下透明胶带，对修复部位做最后处理：

1）打磨。使用 800 目以上的砂纸对修复部位进行打磨。标准是直至表面光滑。

2）抛光。最后选择抛光膏将表面进行抛光，整个修复工作就完成了。

10. 培训标准

维修机体培训标准，见表 1-2。

表 1-2 维修机体培训标准

序 号	培训项目	培训标准
1	认识胶水	能够识别胶水类型、功能，正确使用胶水
2	碳纤维材料	能够分辨碳纤维材质
3	玻璃纤维材料	能够认知分辨玻璃纤维材质和性能
4	机体常见损伤	能够复述常见的机体损伤的类型
5	机体损伤检测工具	能够复述机体损伤检测的方法
6	铺层修理	能够使用修理工具、按照修理程序进行铺层修理
7	胶接连接修理	能够区分胶接的方式
8	机械连接修理	能够使用修理工具、按照修理程序进行机械连接修理

任务3 维修电机与螺旋桨

学习目标

通过练习拆装电机、更换螺旋桨、检查维修电机故障，培养学生选定电机、拆装电机、安装螺旋桨、判断电机故障、排除电机故障的技能。

任务情境

在某次飞行训练中，因操作失误使飞机炸机，导致电机、螺旋桨损伤。需要学员在实训教师的指导下，对损坏的电机和螺旋桨进行拆卸、检测、修复、安装，使飞机尽快恢复正常，以便保证飞行训练工作的顺利进行。

任务要求

1. 知识要求

（1）掌握电机的几何参数的含义。

（2）掌握 KV 值的含义。

（3）掌握匝数的含义。

（4）掌握电机拆装的方法。

（5）掌握电机测试的内容。

（6）掌握工具使用的方法。

（7）掌握螺旋桨的安装方法。

（8）掌握螺旋桨安装后的检查内容。

（9）掌握安装螺旋桨的注意事项。

（10）掌握故障产生原因。

（11）掌握故障排除的方法。

2. 技能要求

（1）能够进行 KV 值的计算。

（2）能够根据任务需要计算电机的参数。

（3）能够正确拆卸电机。

（4）能够正确安装电机。

（5）能够进行电机测试。

（6）能够根据程序安装螺旋桨。

（7）能够根据程序拆卸螺旋桨。

（8）能够根据程序检查螺旋桨。

（9）能够根据故障现象，分析故障产生的原因。

（10）能够根据故障原因，利用工具设备排除故障。

任务分析

根据任务需要，选定合适的电机。本任务主要是使用工具，按照顺序拆卸电机、安装电机，按照安装顺序调试电机。按照程序拆卸、安装螺旋桨，并在安装完成后检查安装的质量。

任务实施

1. 电机参数

（1）电机的几何参数

1）几何参数。几何参数是指电机的外观尺寸大小。

2）转速 KV 值。转速 KV 值是指当输入电压增加 1V 时，无刷电机空转（不带桨）转速增加的转速值。

3）几何参数的标定。2212 电机、3508 电机、5008 电机——前面两位是电机定子线圈的直径，后面两位是定子线圈的高度，单位均是 mm。前面两位越大，电机径向尺寸越大、越粗；后面两位越大，电机轴向尺寸越大、越长。

（2）KV 值

1）KV 值含义。KV1400 的电机，理论为外加 1V 电压时，电机空转 1400r/min，外加 2V 电压时，电机空转 2800r/min。但在实际工作中，这是在一定电压范围下的理想值，由于锂离子电池特性，常用的锂离子电池标准电压为 3.7V，满电电压为 4.2V（高压蓄电池满电为 4.35V）。

2）KV 值与几何参数的关系

① 大小尺寸相同的电机 KV 值越小，同等电压下转速越低，扭矩越大，效率一般越高，可带动相对大的桨，拥有更大的负载能力，更久的航时，因转速更低振动也就越小。航拍机常选用 KV 值小的电机。

② 大小尺寸相同的电机 KV 值越大，同等电压下转速越高，扭矩越小，只能带动小桨。一般情况 KV 值越大飞行器越灵活，操作响应速度越快，因此更适合竞技飞机的使用。

（3）匝数

1）匝数。匝数是指电机中漆包线中线束的多少。

2）匝数与其他参数的关系。

① 有些电机外壳是一模一样的，在壳体上标有如 8T、12T 的符号，用于表示电机线圈匝数。

② KV 值小（比如 KV500），匝数较少，但在上面缠的漆包线比较粗，适合带动慢速大桨。

③ KV 值大（比如 KV1200），匝数较多，但在上面缠的漆包线比较细，适合带动快速小桨。

单从 T 或 KV 值上是不能评判一个电机的好坏的，它们分别使用在不同的场合。

（4）计算参数与选配的注意事项

1）参数的选配要与飞机的质量相匹配。

2）参数的选配要与飞机的性能要求相匹配。

3）参数的选配要与作业性质要求相匹配。

2. 拆装电机

（1）准备工具　电机拆装需要的工具，螺钉旋具、焊锡、焊锡枪，如图 1-36 所示。

图 1-36　螺钉旋具、焊锡、焊锡枪

（2）测试电机　测试电机是确认电机的转向以及电机是否损坏。

下面以 DJI-A2 飞控调参软件为例进行说明，如图 1-37 所示。单击"电机测试"按钮→单击对应电机进行测试（如测试 M1 电机，则双击 M1 电机进行测试），如图 1-38 所示。

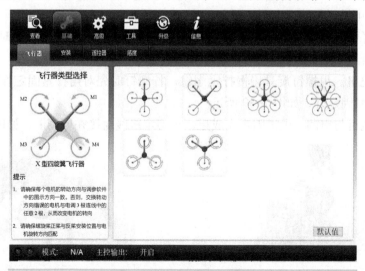

图 1-37　飞行器类型选择

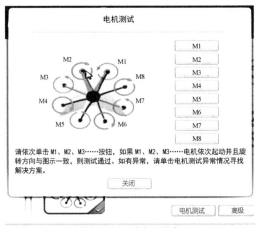

图 1-38　电机测试

（3）匹配电机与螺旋桨

1）KV 值与桨叶直径。大 KV 值配小桨，小 KV 值配大桨。KV 值是每 1V 的电压下电机每分钟空转的转速。例如 KV800，在 1V 电压下空转转速是 800r/min。在 10V 的电压下空转转速是 8000r/min。

绕线匝数多的电机，KV 值低，最高输出电流小；绕线匝数少的电机，KV 值高，最高输出电流大。

KV 值小，同等电压下转速越低，扭力越大，可带动更大的桨；KV 值越大，同等电压下转速越高，扭力越小，只能带动小桨。

相对地说 KV 值越小，效率就越高。航拍要选用低 KV 值电机配大桨，转速低，效率高，同样低转速电机的振动也小。对航拍来说这些都是极为有利的。

2）螺旋桨规格。螺旋桨规格一般由 4 位数字表示，前两位数表示直径，后两位表示螺距。以 1060 桨为例，"10"表示桨的直径是 10in（1in=2.54cm），"60"表示桨角（螺距，60in，也就是 152.4mm）。

（4）安装电机（桨叶、电调、固定）

1）确定好电机的正 / 反转（CW（俯视顺时针旋转）、CCW（俯视逆时针旋转））。

2）选择合适的螺钉旋具。

3）固定电机。用螺钉旋具慢慢拧紧螺钉，拧螺钉时先对角拧紧固定在电机座上，再将其余螺钉拧紧固定好，如图 1-39 所示。

4）连接电机与电调。电机固定完成后，再将电机线对接在电调上，如图 1-40 所示。

图 1-39　固定电机

图 1-40　连接电机与电调

5）调试电机转向。使用调参软件确定好电机转向。通过对调任意两根电机电调的连接线，可以改变电机转向。如果电机线不带插头，则需要使用焊锡、焊锡枪将电机线焊在电调接口里，电机转向确定完成后，使用热缩管做接口的绝缘处理。

6）匹配选择桨叶。使用调参软件，当全部调参步骤都完成后，确认好螺旋桨和电机是否匹配，及正桨/反桨。

7）安装桨叶。将匹配好的桨叶，安装固定到电机上准备试飞，如图1-41所示。

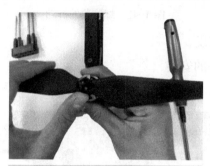

图1-41 安装螺旋桨

（5）拆卸电机

1）选择合适的工具（螺钉旋具）。

2）拧松固定螺钉。

小贴士

慢慢松动螺钉，松动螺钉时还是先对角松动拆除，再将其余螺钉松动拆除，将拆除的螺钉放好以免丢失。

3）拆卸电机。将电机线和电调接口的热缩管小心撕掉，再将电机线轻轻拔出。如果电机线是不带插头的，需要使用焊锡枪将焊锡熔化，再使用镊子将电机线拔出。

4）电机拆装的注意事项。使用螺钉固定电机时需要使用螺钉胶，防止电机在飞行时螺钉脱落。对接电机电调时需要先确认好电机转向是否正确，之后使用热缩管做接口绝缘处理。上螺旋桨时要注意正桨/反桨。

3．更换螺旋桨

（1）工具准备 内六角扳手、十字解刀、开口扳手。

（2）电动固定翼飞机螺旋桨拆卸、安装 固定翼螺旋桨拆装，如图1-42所示。其拆卸顺序如下：

1）用两把扳手先把保险螺母拆下。

2）拆下固定螺母。

3）拆下垫片。

4）拆下螺旋桨。

5）拆下固定垫片。

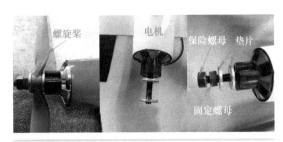

图 1-42　螺旋桨的拆卸

安装顺序与拆卸顺序相反。

（3）电动多旋翼螺旋桨的安装

1）螺旋桨及其固定件，如图 1-43 所示。

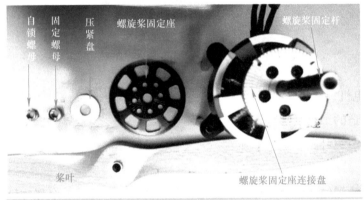

图 1-43　螺旋桨及固定件

2）将黑色螺旋桨固定座与电机的螺旋桨固定座连接盘放在一起，注意背面齿牙啮合，正面（光面）朝上，如图 1-44 所示。

图 1-44　螺旋桨固定座的安装

3）螺旋桨放置到螺旋桨固定座上（见图 1-45），注意带有数字标识的一面向上。

4）放置垫片，如图 1-46 所示。

5）放上固定螺母，拧紧，如图 1-47 所示。

6）放上自锁螺母，拧紧，如图 1-48 所示。

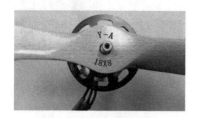

图 1-45　安装螺旋桨

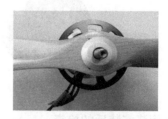

图 1-46　放置垫片

图 1-47　拧紧固定螺母

图 1-48　拧紧固定自锁螺母

7）放上自锁桨帽，如图 1-49 所示。

8）把自锁桨帽固定在螺杆拧上，固定紧即可，如图 1-50 所示。

图 1-49　安装桨帽

图 1-50　拧紧桨帽螺钉

（4）多旋翼螺旋桨的安装

1）多旋翼螺旋桨及固定件，如图 1-51 所示。

2）确定机臂上电机的转向，如图 1-52 所示。

图 1-51　多旋翼螺旋桨及固定件

图 1-52　确定电机的转向

3）用内六角扳手拆下电机上螺旋桨的压片，如图 1-53 所示。

4）选择 CCW 的螺旋桨安装到电机上，并放置压片，紧固螺栓，如图 1-54 所示。

图1-53 拆下压片　　　　　图1-54 安装螺旋桨

（5）螺旋桨安装后的检查

1）检查螺旋桨的外观，看是否有破损以及压片的位置看是否有裂纹。

2）检查螺旋桨转动方向与电机旋转方向是否一致，即CCW对应CCW，CW对应CW。

3）检查螺旋桨的尺寸选配得对不对，防止烧毁电机等。

4）检查电机是否正常，确保能正常工作，否则会导致飞机无法起飞或炸机。

5）检查紧固螺栓的松紧度，过紧会导致螺旋桨和电机接触的部位产生裂纹，过松则会导致射桨。

（6）螺旋桨的使用注意事项

1）由于螺旋桨工作时的高转速，无人机工作时一定要远离人群，即使自己操控无人机时也一定要留出足够的安全距离。

2）螺旋桨工作时应远离障碍物、飞鸟、灯等，防止造成不必要的炸机损失。

3）无人机飞行结束后要对螺旋桨进行清洁，保证桨面的清洁。

4）螺旋桨使用前，一定要检查，确保螺旋桨表面光洁、完整无破损、无裂纹等外观损伤。

4. 电机故障检查与维修

（1）电机常见故障现象　电机常见故障现象有接通电源后，抖动、堵转；起动后发热，超过温升标准；绝缘电阻值较低，电机外转子带电。

（2）判断、排除故障使用的工具设备　判断故障使用的工具设备有万用表、手电筒、毛刷、一字螺钉旋具、卡簧钳、锤子、套筒（套筒的大小是根据滚动轴承外边缘决定的）、镊子、轴承专用润滑油等

（3）判断故障的程序与方法

1）观察故障的现象。

2）分析故障原因。

3）制定解决方案。

4）排除故障。

（4）故障案例1

1）故障现象。接通电源后，电机抖动，堵转。

2）故障原因。由于电源的接通问题，造成缺相运转。电机起动时运载量超载。有机械性故障，如磁体脱落、轴承损坏、轴弯曲等。

3）故障排除。

① 电源接通故障排除。首先检查电机接线是否有线路损坏现象，其次检查定子首端是否有断线、短路，最后进行检查修复。

② 电机起动时运载量超载。将电机卸载后空载或半载起动，看电机是否可以正常起动。若正常起动，说明是起动时运载量过载，检查更换规格合适的螺旋桨可以排除故障。若无法正常起动，检查电机轴是否弯曲，滚动轴承是否损坏，损坏则进行更换处理。因受潮等原因造成铁芯表面锈蚀，则需用砂纸打磨干净，清理后涂上绝缘漆。

③ 机械性故障"磁体脱落、轴承损坏、轴弯曲"的排除。检查铁心与机座之间是否有松动，如有可重新固定。如果定位螺钉不能再用，就重新进行定位，旋紧定位螺钉即可。电机内是否有异物或磁体脱落，检查并修复，轴与滚动轴承检查更换等。

（5）故障案例 2

1）故障现象。起动后发热，超过温升标准。

2）故障原因。电源电压达不到标准，无刷电机在额定负载下工作温度上升过快；电源电压超过额定标准，无刷电机在超载下工作温度上升过快；电机绕线定子漆包线短路；电动机运转环境的影响，如湿度高等原因；在温度过高的环境下长时间工作。

3）故障排除。检查输入电压，调制电机额定电压。使用精密仪器，测量电机内阻是否在额定标准范围内。尽量避免电机过载运行，保证电机洁净并通风散热良好，避免电机频繁起动，必要时需对电机转子做动平衡试验。

（6）故障案例 3

1）故障现象。绝缘电阻值较低，电机外转子带电。

2）故障原因。电机内部进水，受潮；绕组上有杂物、粉尘影响；电机内部绕组老化；电机引出线的绝缘漆遭到破坏。

3）故障排除。受潮的电机放在阳光下晾晒，或者可用热风机吹干。干燥处理时，应注意电机的温度，靠近热源的部分，其温度不能超过 70℃，防止 2 次损坏；使用毛刷或尘吹器进行清理；重新绕线处理；检查并恢复引出损毁的绝缘漆，进行修补处理。

5. 培训标准

维修电机与螺旋桨培训标准，见表 1-3。

表 1-3　维修电机与螺旋桨培训标准

序　号	培 训 项 目	培 训 标 准
1	电机的几何参数	能够解读电机的几何参数的含义
2	电机的性能参数	能够解读 KV 值、匝数的含义，能够进行电机 KV 值的计算
3	电机拆装	能够利用工具设备，依照程序拆卸电机、安装电机
4	电机测试	能够测试电机的转向，根据测试结果进行电机转向的调整
5	螺旋桨几何参数	能够解读螺旋桨参数的含义，能够根据任务需要给电机匹配螺旋桨
6	螺旋桨安装	能够使用工具拆卸、安装螺旋桨
7	螺旋桨检修	依能够据标准检查螺旋桨，能对有损伤的螺旋桨进行修理
8	故障	能够根据故障现象分析电机故障产生的原因，根据分析结果，利用工具设备排除故障

任务 4 维修电调和分电板

学习目标

通过练习检测电调故障、分电板与电调焊接、电调与电机的连接，培养学生独立对电调、飞控、分电板进行维修维护的能力。

任务情境

在某次飞行训练中，无人机因不明原因炸机，经检测初步确定为电调故障。为此，在实训教师的指导下，学员自己对电调进行拆卸、检测、维修、测试、安装，以保证电调的正常工作。

任务要求

1. 知识要求

（1）掌握电调参数。

（2）掌握电调选配的原则。

（3）掌握电调选配的方法和注意事项。

（4）了解电调故障的类型。

（5）了解电调故障产生的原因。

（6）掌握排除电调故障的方法。

（7）了解焊接分电板的程序。

（8）了解焊接的质量标准。

（9）掌握焊接的注意事项。

（10）掌握电调与分电板的连接方法。

（11）掌握电调与飞控的连接方法。

（12）掌握电调与电机的连接。

2. 技能要求

（1）能够选配电调。

（2）能够正确使用判断故障的工具设备。

（3）能够按照程序排除电调的故障。

（4）能够正确使用焊接设备。

（5）能够进行分电板的焊接。

（6）能够连接电调与电机。

（7）能够连接电调与飞控。

（8）能够连接电调与分电板。

任务分析

电调选配是根据动力电机的参数决定，动力电机的参数不同，需要选配的电调不同，这样才能保证飞行安全。

排除故障的方法是根据故障现象，利用故障排除判断工具判断故障，排除故障，保证电机正常工作，从而保证飞行安全。

分电板、电调、电机、飞控的正确连接，才能保证正确控制，安全飞行。

任务实施

1. 选配电调

（1）参数

1）最大持续电流、峰值电流。最大持续电流是指正常工作模式下的持续输出电流。峰值电流是指电调能承受的最大瞬时电流。

> **小贴士**
>
> 最大持续电流和峰值电流是无刷电机的重要参数，其常用单位是安培（A），如10A、20A、30A。
>
> 不合理的配置会导致电调的烧坏甚至电机的失效。每个电调都会在型号上标注最大持续电流，应根据电机的不同，选择合适的电调。

2）电压范围。电调能够正常工作所允许输入的电压范围。

例如在电调说明书上可以看到标注"3-4sLiPo"字样，表示这个电调适用于3～4节电芯串联的锂离子电池，也就是说，它的正常电压范围为11.1～14.8V。

3）内阻。电调都有内阻，通过电调的电流能够达到几十安，所以电调的发热不能够忽视。为了内能耗散，电调的内阻应当尽可能小。

4）刷新频率。电调的刷新频率越高，电机的响应速度越快。当伺服电机的最大工作频率是50Hz时，电调的刷新频率也定为50Hz。

（2）选配原则

1）参数可设置性。通过调整电调的内部参数，电调性能可以达到最优。

① 可以设置的参数。油门行程校准、低压保护阈值设定、刹车模式设定。

② 设置电调参数的方法。通过编程卡直接设置电调参数，通过连接USB，在计算机上设置电调的参数、用遥控器拨杆设置电调参数。

2）兼容性。如果电机与电调不兼容，那么电机可能发生堵转，从而导致飞机失控。如多旋翼在进行模态切换时可能导致控制量变化较大，最终引起大的瞬时电流而触发堵转。

(3) 选配

1) 根据电机最大电流来选配电调。通过电流的大小，只能高不能低（一般高 5A 或者 10A，这是因为电调需要留一个余量，低了会烧毁电调，太高则成本高）。

2) 是否带刹车。竞速机选择带刹车的电调会比较灵活，普通机可不带刹车。

3) 是否带过流保护。因为飞行的时候谁也没法保证自己不摔机，电机被卡住发生堵转的时候电流会非常大，带过流保护的电机不会烧毁电调。

4) 响应速度。电调响应速度快，则飞行器自然灵敏，响应速度慢则影响飞行器的飞行状态。

5) 电压。电压高了烧电调，电压低了带不动，这一定要和电机匹配。

(4) 注意事项

1) 挑选电调时，至少要注意留有 20% 的安全裕度。

2) 安装电调时要保证电调的散热。

3) 注意电调与电机的匹配度。

2．检查维修电调故障

(1) 电调的常见故障

1) MOS（Metal-Oxide-Semiconductor，即金属 - 氧化物 - 半导体）场效应晶体管烧坏。

2) 单片机损坏。

3) BEC（Battery Elimination Circuit，免蓄电池电路）不正常。

4) PCB 已经烧掉的电调，建议直接报废。

(2) 判断、排除故障使用的工具设备　判断、排除电调故障常用的工具有万用表和电烙铁，如图 1-55 所示。

图 1-55　万用表和电烙铁

(3) 判断电调 MOS 场效应晶体管故障的程序和方法　电调损坏，最常见的问题是 MOS 场效应晶体管烧坏，所以第一步就应该检查并更换损坏的 MOS 场效应晶体管。只有先修复 MOS 场效应晶体管的驱动部分，才可以继续维修其他部分。有的电调烧后，明显可以看到 MOS 场效应晶体管烧坏的痕迹，有的不明显甚至看不出来，最好的方法是用热风拆焊台把全部 MOS 场效应晶体管拆下来，逐个检查好坏。MOS 场效应晶体管的检测方法如下：

1) 检查万用表。

2）对于 N 型沟道 MOS SO8 封装的 MOS 场效应晶体管，1～3 引脚 S 是并联的、4 引脚 G 是信号、7～8 引脚 D 是并联的。

3）万用表在二极管档。

4）黑表笔接 7～8 任意引脚，红表笔接 1～3 任意引脚，应该有 500～600V 左右（各种型号略有差异）的正向导通压降。

5）如果反过来，红表笔接 7～8 引脚，黑表笔接 1～3 引脚，则为不导通，显示无穷大。

6）接下来黑表笔位置不变，红表笔接 4 引脚，相当于给 MOS 场效应晶体管一个触发信号，这时候 MOS 场效应晶体管就应该导通。

7）再把红表笔接到 1～3 引脚的任意一个，这时候的导通压降应该是 0V 了，也就是说 MOS 场效应晶体管导通了。反过来，如果这时候把红表笔接 7～8 引脚，黑表笔接 4 引脚，则 MOS 场效应晶体管应该关闭；1～3 引脚与 7～8 引脚之间又会回到 500～600V 的正向导通压降，这样的 MOS 场效应晶体管就是好的。

8）一般在检测烧坏的 MOS 场效应晶体管的时候，7～8 引脚与 4 引脚表现为导通，而实际应该是不导通的，只要 7～8 引脚与 4 引脚导通，这个 MOS 场效应晶体管就一定是坏的。

（4）MOS 场效应晶体管修好之后，给电调上电检查是否自检

1）连接电机。

小贴士　不要直接把要使用的电机接上，以免因为电调工作不正常而烧毁电机。

2）电调上电，检查电调是否自检。

① 如果自检：说明至少单片机没有损坏，单片机供电正常，升压芯片正常，半桥至少有一个 MOS 场效应晶体管是可以工作的，但是不一定正常，一般单片机是不会损坏的，但出现过进水后丢失程序的情况。

② 起动电机：缓慢推动油门拨杆，电机应该顺利而平滑地起动运转直到最高速。如果这时候发现起动不顺，有卡顿现象，或者又烧坏 MOS 场效应晶体管，请立即停止起动。在确保之前换的 MOS 场效应晶体管是完好的情况下，出现起动不顺的问题，那就说明 MOS 场效应晶体管的推动部分有问题，也就是半桥芯片或者推动晶体管有问题，应检查半桥芯片。

（5）如果电调不自检，检测单片机

1）单片机供电不正常。

2）单片机损坏。

3）升压芯片或者半桥驱动损坏。

4）BEC 损坏。

自检声音是由电机发出的，电机是由 MOS 场效应晶体管驱动，MOS 场效应晶体管需要依靠半桥或者前级晶体管推动，而半桥或者推动晶体管信号来自于单片机，所以以上任何一个环节有问题，电调都不会自检。如果 BEC 损坏，由于接收是由 BEC 供电，电调会认为没有收到接收机信号，同样不会自检或者自检后中断工作。

① 检测单片机的工作电压。现在电调单片机的供电方式一般是使用线性稳压器，最常见的是 TO-252 封装的 7805 芯片、89 封装的 HT 芯片或者 SO8 封装的 7805 芯片，视芯片型号不同，电压一般是 3.3V、3.6V 或者 5V，如果单片机是 MEGA8，那么 MEGA8 的 4 引脚和 6 引脚是并联在电源正极上，如果供电芯片是 7805，那么 4 引脚和 6 引脚的对地电压应该是 5V，如果供电芯片是 HT-7136，4 引脚和 6 引脚的对地电压就应该是 3.6V。

② 在确定单片机供电正常的情况下，电调不自检，应该检查升压芯片。

对于半桥推动方式，因为栅极需要 10V 以上电压，所以一般有专门的升压电路，如 ST662、MAX662 等，是将 BEC 的 5V 升到 10 ～ 12V，如果这个芯片损坏，所有半桥将不工作，即使 MOS 场效应晶体管等都是好的，电机也是不工作的；还有即使 BEC 芯片等都是好的，如果这个芯片内部短路，有时候将导致 BEC 输出不正常或无输出，这个芯片如果损坏，在检修的时候也要注意检查其 12V 输出滤波电容，因为会出现这个胆电容失效。

上电，测升压芯片的输出电压，升压芯片一般使用的是 662 型，高档的电调尤其是高压版电调有的使用 DC-DC 芯片。662 的第 5 引脚是 5V 输入电压，第 6 引脚应该有 10 ～ 12V 的输出电压，如果检测有这个电压，电调不自检，那么半桥就有损坏，检查并替换。如果检测没有这个电压，那么升压芯片损坏，但半桥也可能有损坏，因为这个芯片是给半桥供电的（进水后的电调可能有例外）。

> **小贴士**
>
> MOS 场效应晶体管的推动方式有两种。半桥或者普通晶体管，更换损坏的就可以了。现在电调上所使用的半桥一般都是 IR 的，如 IR2103S、IR2101、IR2304 等。电流大一些的如 ISL6700 等芯片这些都是单路半桥，所以有 3 片，驱动 3 路 MOS 场效应晶体管，每路 MOS 场效应晶体管又分上臂和下臂，半桥最简单快速的维修方法，就是用相同型号的半桥芯片逐一替换，直到正常。

(6) BEC 的检修 电调的 BEC 有开关方式和线性降压方式两种工作方式。开关方式的一定会有个电感；而一般几个 7805 芯片或者 LM317 芯片并联的，就是线性降压方式的。

1) BEC 开关方式不正常。开关方式一般是 DC-DC 芯片损坏、续流二极管损坏、电感过流烧坏（不常见）。如果 DC-DC 芯片损坏，因为是过流，那么续流二极管一般也会损坏，现在的内置 BEC 一般都是 3A 的，所以更换的时候，只要购买 3A 的肖特基二极管更换就可以了，比如 SSA34、SX34，都是 3A 40V 的，更换肖特基二极管后如还是不正常或又将肖特基二极管烧掉，需更换 DC-DC 芯片。

2) BEC 线性降压方式不正常。电感过流烧坏线性方式的如果损坏，单独检查并联的 7805 芯片，有损坏的更换同一厂家的或者全部更换，修复后需检查 BEC 的滤波电容，更换的 TO-252 封装的 7805 芯片一定要选用 1A 的，KIA 的芯片标的是 78D05F，其他厂家标的是 7805，如果标的是 78L05，则是 100mA 的，如果是 78M05，则是 500mA 的，BEC 的供电电流不足。

(7) 上电直接烧坏 MOS 场效应晶体管 上电直接烧坏 MOS 场效应晶体管是由于半桥损坏导致的，请重新检修好 MOS 场效应晶体管后更换半桥。

在检修 MOS 场效应晶体管的时候，一般现在都是几个 MOS 场效应晶体管并联扩流的，为了减少损失，一般并联部分的 MOS 场效应晶体管只用先安装一个，这样如果烧坏也只烧坏一个，等确认修好后，再把其他的 MOS 场效应晶体管全部装上去。另外 PCB 一定要完好，如果 PCB 内部断线，有的一眼就能看出来，有的是内部断路，表面看不出来，这种情况 XXD（新西达）电调发生得比较多，而且是小电流的前级板。

3. 焊接分电板

（1）焊接分电板需要的工具　电烙铁、焊锡丝、助焊剂、台钳、镊子、剥线钳、XT60 电源线、四个电调。

（2）焊接分电板的程序

1）将电烙铁打开并加热温度到 350～400℃之间，将电源线线头剥开并给线头上锡，如图 1-56 所示。

图 1-56　线头上锡

2）将电烙铁放在分电板的焊盘上加热并上锡，使焊锡粘附在焊点上，如图 1-57 所示。

图 1-57　将焊锡粘附在分电板的焊点上

3）将电源线分别焊在对应的焊盘节点上。

4）将各电调的正负极电源线线头剥开上锡，并焊接在对应的焊盘节点上，如图 1-58 所示。

图 1-58　焊接电调的正负极电源线

（3）焊接质量的检查标准

1）焊接牢靠，无脱焊、松动。

2）检查焊点外观是否平整、圆润、光洁。

3）检查有无拉尖和桥接的现象。

小贴士

1）选用合适的焊锡，应选用焊接电子元器件用的低熔点焊锡丝。

2）电烙铁使用前要上锡，具体方法是：将电烙铁烧热，待刚刚能熔化焊锡时，涂上助焊剂，再将焊锡均匀地涂在烙铁头上，在烙铁头均匀地涂上一层锡。

3）焊接方法，把焊盘和元器件的引脚用细砂纸打磨干净，涂上助焊剂。用烙铁头沾取适量焊锡，接触焊点，待焊点上的焊锡全部熔化并浸没元器件引脚头后，烙铁头沿着元器件的引脚轻轻往上一提离开焊点。

4）焊接时间不宜过长，否则容易烫坏元器件，必要时可用镊子夹住引脚帮助散热。

5）焊点应呈正弦波峰形状，表面应光亮圆滑，无锡刺，焊锡量适中。

6）焊接完成后，要用酒精把 PCB 上残余的助焊剂清洗干净，以防炭化后的助焊剂影响电路正常工作。

7）集成电路应最后焊接，电烙铁要可靠接地，或断电后利用余热焊接。或者使用集成电路专用插座，焊好插座后再把集成电路插上去。

8）电烙铁应放在烙铁架上。

4．安装与连接电调

（1）工具准备　锡焊、焊枪、焊台、镊子。

（2）电调的焊接、连接

1）电调与分电板的焊接标准。焊点牢靠，无虚焊，如图 1-59 所示。

2）电调与飞控的连接。接线正确、到位，如图 1-60 所示。

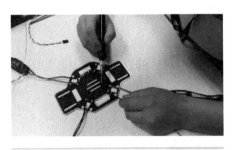
图 1-59　电调正负极电源线焊接到分电板

图 1-60　电调与飞控的连接

3）电调与电机的连接。链接牢靠，绝缘可靠，如图 1-61 所示。

4）电调在机架上的固定。用包扎带固定在机架上，固定牢靠，无松动，如图 1-62 所示。

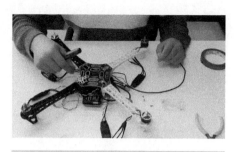

图1-61 电调与电机的连接

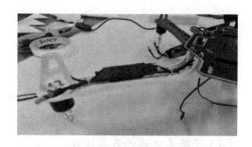

图1-62 电调在机架上的固定

（3）电调的调试

1）电机、电调、飞控连接好。

2）接上电源。

3）测试电机的增减速逻辑。

4）若电机转向不符合逻辑，则应对调电调上的任意两根线。

5．培训标准

维修电调和分电板培训标准，见表1-4。

表1-4 维修电调和分电板培训标准

序 号	培训项目	培训标准
1	电调参数	能够解读电调参数的含义
2	电调选配	能够根据任务需求选配电调
3	电调安装	能够安装连接电调
4	电机排故	常见的电调故障，根据故障现象分析故障产生的原因，根据分析结果，排除电调的故障
5	焊接分电板	焊接分电板与电调连接线
6	连线	电调与飞控的连接、电调与电机的连接、电调与分电板的连接

任务5 维护蓄电池

学习目标

通过练习蓄电池电量的测量、蓄电池的充电、蓄电池的放电、蓄电池的保管技能，培养学生利用测电设备、充电设备，独立进行电池电量测试、蓄电池充电、蓄电池放电的能力。

任务情境

飞机起飞前，在安装蓄电池前，需要对蓄电池的电量进行测试，以确定蓄电池的电量是否符合使用要求。蓄电池使用后，需要使用充电器给蓄电池进行充电；对于一段时间内不使用的蓄电池，进行存放前，需要对蓄电池的存放电量进行测量，以确定是否符合存放条件。

任务要求

1. 知识要求

（1）了解测电器（BB响）的作用。

（2）了解测电器（BB响）的性能数据。

（3）了解测电器（BB响）的基本组成。

（4）了解充电器的基本组成。

（5）了解充电器的充电模式。

（6）知道充电时的注意事项。

2. 技能要求

（1）掌握使用测电器的方法。

（2）能够判断测电器的测量数据。

（3）掌握充电器模式选择操作。

（4）能够选定设置充电蓄电池数量。

（5）能够正确连接蓄电池与充电器。

（6）能够设置充电电流。

（7）能够利用充电器给蓄电池放电。

任务分析

测电器是对蓄电池电量进行检查最方便的设备；正确使用充电器给蓄电池进行充电。

任务实施

1. 测电器（BB响）

（1）作用　测电器主要用于1S～8S蓄电池的电压检测，自动检测锂离子电池每个电芯的电压和总电压，支持反向连接保护，以防止蓄电池过放或过充。当电压低于设定值时，蜂鸣器会响起，红色LED灯会闪烁。测电器默认电压设定值为3.3V，按下按键可改变电压设定值，并自动保存用户当前设定值，如图1-63所示。

图1-63　蓄电池测电器（BB响）

（2）测电器的组成　测电器由喇叭、显示屏、引脚、电压调节按钮组成，如图 1-64 所示。

（3）测电器性能数据　测电器的背面可以看到一张英文说明书，已把每个引脚对应的蓄电池"S"数值标注出，同时标注了测电器的性能数据，如图 1-65 所示。

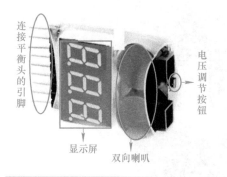

图 1-64　测电器的组成

图 1-65　测电器的背面标识

1）电压检测精度为 ±0.01V。

2）组电压显示范围为 0.5 ~ 4.5V——单电压显示范围 0.5 ~ 4.5V。

3）总电压显示范围为 0.5 ~ 36V。

4）1S 测试模式电压范围为 3.7 ~ 30V。

5）低电压蜂鸣器报警模式为 2S ~ 8S。

6）报警电压设定范围为 OFF ~ 2.7V ~ 3.8V。

7）尺寸为 40mm×25mm×11mm。

8）质量为 9g。

（4）使用测电器测量电量　如图 1-66 所示，把测电器正面拿在左手上，测电器的负极就是靠近大拇指的第一根引脚，第一根引脚直接对应第一个插口。测电器背面看的接线图，如图 1-67 所示。

图 1-66　测电器正面接线图

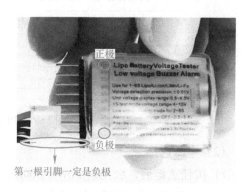

图 1-67　测电器反面接线图

1）用电压调节按键选择单芯报警电压。测量端与被测蓄电池的接线端连接。

2）听到两声滴滴，声音很大。

3）显示屏会循环反复出现总电压"**"V、第一块电芯电压"**"V、第二块电芯电压"**"V，一直到第 S 块电芯的电压循环显示，直到显示完毕每一块电芯电压的数值。之后再重复显示，如图 1-68 所示。

图 1-68　电池电量测量

2．PL8充电器使用

（1）PL8 充电器面板　PL8 充电器面板组成，如图 1-69 所示。

散热风扇

LCD 液晶显示器

DC12V 600W/DC24-32V
1200W 电源输入

INC、DEC、BACK、ENTER 按键

电源输出香蕉插头接口，电流 ≤ 40A

电源输出平衡头

图 1-69　PL8 充电器面板组成

（2）电源选择

1）按任意键后，会出现 Power Source（使用哪种电源），如图 1-70 所示。

2）按 <INC> 或 <DEC> 键切换充电模式：Battery（电瓶或充电站）；DC Power Supply（直流电源）。无人机锂离子电池选择 DC Power Supply（直流电源供应器）模式。

（3）充电模式选择

1）按 <INC> 或 <DEC> 键选择充电模式。

2）选择"3 HIGH POWER"模式进行充电，如图 1-71 所示。

3）确认进行下一步。

图 1-70 电源模式选择

图 1-71 选择"3 HIGH POWER"充电模式

（4）选择充电蓄电池数量

1）选择"Parallel Packs"（选择充电蓄电池数量）模式。

2）例如，充两块蓄电池则按 <INC> 或 <DEC> 键切换至"2P"，如图 1-72 所示。

（5）连接充电电源和蓄电池平衡头

1）往充电线路板上连接电源平衡头。

2）往 PCB 上连接蓄电池电源插头，如图 1-73 所示。

图 1-72 蓄电池数量选择

图 1-73 连接平衡头和电源

（6）调节电流 Set Charge Rate（调节充电电流）。按 <INC> 或 <DEC> 键进行调节，一般使用 10A，如图 1-74 所示。

（7）查看电压、电量参数

1）等待充电器自检。

2）查看蓄电池电压、电量。充电器自检完成后按 <INC> 或 <DEC> 键翻动页面可查看蓄电池电压、蓄电池电量等。蓄电池电量充满时显示 100%，如图 1-75 所示。

图 1-74 调节电流

图 1-75 电池电压、电量的参数查看

（8）充电

1）接上直流电源（或电瓶、充电站等）。使用 DC2-32V，输出功率可达 1008W。8S 满载使用时，直流电源必须能提供最大 1200W 的功率。使用 DC12V，则最大输出功率为 516W。8S 满载使用时，直流电源必须能提供最大 600W 的功率，不管充 3S 还是 8S，最大充电电流为 40A。

2）选择充电模式。

① 按 <INC> 或 <DEC> 键可选择充电模式。若没使用计算机更改，会发现有 25 个预设充电模式，其中第 3 个（HIGH POWER）可以用最大电流（40A）充电。

② 请选择任一模式（例如"3 HIGH POWER"）。

3）连接蓄电池。

① 连接蓄电池：#如果要同时充两块蓄电池，每一片分压板就插一块蓄电池的分压线，如果要同时充 9 块蓄电池必须有 9 片分压板。香蕉插头也是一个对一个。

② #同时充多块蓄电池必须数量相同（蓄电池数量、容量、趟数不限）。

4）选择充电电源。

按任意键后，LCD 液晶显示器上会出现"Power Source（使用那种电源）？"，按 <INC> 或 <DEC> 键切换，有两种选择：Battery（电瓶或充电站）、DC Power Supply（直流电源），请正确选择电源种类。

小贴士

1）不能混用蓄电池（例如，把 LiPo 跟 A123 插在一起）。

2）使用 T 插或 XT60 请小心，最好用色笔做个记号，因为 T 插若插反则无法插上，而且用力插的时候电极可能碰在一起，这样会把充电器熔体烧断。

3）同时充电的蓄电池之间尽量压差不要太大，最好在 0.2V 以内。例如，一块蓄电池的电压为 3.80V，另一块蓄电池的电压就不要高于 4.00V，否则分压板可能进入保护状态。

4）如果不想使用平衡功能可将其关掉，但分压线还是要连接。平衡关掉时 PL8 充电器只用来侦测，以免有人把 6S 当 7S 充电或某块蓄电池有问题造成其他蓄电池过充而发生危险。

5）充电设置。

① 按 <ENTER> 键依序询问问题，也可长按 <ENTER> 键。

② 跳过询问直接充电（必须用计算机将"QUICK START"选项打勾才能长按）。

③"Parallel Packs(同时充几块蓄电池)?"，请回答蓄电池数量（N=1 个，或 2～9P），这样有关的数据会自动换算，例如 mAh/ 内阻 / 电流等。

④"Set Charge Rate（设定充电率）?"。可以选择 100mA～40A 之间的充电电流，也可以选择 1C、2C、3C 这样会自动侦测电容量及可能的蓄电池数量以自动处理，不过速度没有直接设置电流值这么快，因为侦测需要时间。

⑤ "Set Dsch. Rate（设定放电电流）?"。需要放电时才要准确设定，否则不必考虑这个选项。

⑥ "START（开始?）?"

⑦ 会有几种选择，选好后单击 <ENTER> 按键。

"CHARGE ONLY（仅充电）"；

"DISCHARGE ONLY（仅放电）"；

"Reg DISCHARGE（将蓄电池的电回存到电瓶）"，此选项只在选择蓄电池为电源才会出现；

"MONITOR（充电器不会运作，只在 LCD 面板显示蓄电池状态）"；

"n CYCLE（跑 n 次循环，n 可设定）"

"Use Banana Jacks?（有插入香蕉插头吗?）"：

如果没有插入只会用分压线来做平衡充电，电流范围只能在 100mA ～ 3A 之间。设很大也不会超过 3A，因为分压头的线太细，无法通过大电流。

6）充电。

① 接下来 PL8 充电器 LCD 液晶显示器会出现 "CHECKING PACK（检查蓄电池）" 选项，然后出现蓄电池数量及种类（如 LiPo/A123 等），若都没问题按 <ENTER> 键就开始充电了。

② 若要停止充电，可长按 <ENTER> 键就会停止。

③ 按 <BACK> 键可回到上一页，长按 <BACK> 键会返回上一个主选项。

④ <INC> 或 <DEC> 键用来选择显示的数据，若觉得画面太复杂或页次太多，可用计算机自定义显示方式及页面。

(9) 出厂预设的充电模式

1）LiPo Accurate Charge：一般充电（很准确）。

2）LiPo Faster Charge：快速充电。

3）LiPo High Power：高功率充电。

4）LiPo Long Life（4.1V）：长寿命充电（蓄电池可以用比较久，但没完全充饱，速度慢）。

5）LiPo Small Balanced：小电流平衡模式。

6）LiPo 1s/2s Small Non Balanced：1S 或 2S 不接平衡分压线充电。

7）LiPo All Brands Storage Charge：储存模式。

8）A123 2300 mAh Accurate Charge：A123 一般充电（很准确）。

9）A123 2300 mAh Faster Charge：A123 快速充电。

10）A123 2300 mAh High Power：A123 高功率充电。

11）A123 2300 mAh Non Bal. 1S-5S：A123 1 ～ 5S 不接平衡分压线充电。

12）A123 2300 mAh Non Bal 8S：A123 8S 不接平衡分压线充电。

13）A123 1100 mAh Accurate Charge：A123 一般充电（很准确）。

14）A123 1100 mAh Faster Charge：A123 快速充电。

15）A123 1100 mAh Non Bal. 1S-5S：A123 1 ～ 5S 不接平衡分压线充电。

16）A123 1100 mAh Non Bal. 8s：A123 8S 不接平衡分压线充电。

17）A123 All Cpcty Storage Charge：A123 储存模式。

18）A123 Store Non Bal. 1S-5S：A123 储存模式（1 ～ 5S 不接平衡分压线）。

19）A123 Store Non Bal 8s Fixed：A123 储存模式（8S 不接平衡分压线）。

20）NiCd Fast Charge with Trickle：NiCd 充电。

21）NiMH Fast Charge with Trickle：NiMH 充电。

22）NiCd/NiMH 24 Hr Trickle Charge ：NiCd/NiMH 充电。

23）Lead 12V SLA or Gel Cell：汽车电瓶充电。

24）空的（自行运用，使用充电站的人会给一个档案，针对该蓄电池特性的充电，名为"Charge Station"）。

25）空的（自行运用，建议移动 Copy 模式 3 到此位置，并改名"RESTORE 3.860V"，即大电流储存模式）。

（10）蓄电池充电的注意事项

1）使用锂离子或锂聚合物专用充电器（输出电压 4.1 ～ 4.2V），不会损坏蓄电池。

2）在充电器上接入蓄电池时，注意要先插平衡头再接蓄电池，注意防止将正负极反插。

3）准确设置无人机充电时的参数，充电的前几分钟要注意观察充电器显示屏的显示参数和蓄电池组的蓄电池个数。

4）准备一桶灭火沙。

5）充电过程需专业人员看管。

6）充电过程中蓄电池要放在地上或工作台上，不能放在易燃物品上进行充电，以防失火造成火灾。

3．B6 充电器使用

（1）B6 充电器的组成　B6 充电器的组成，如图 1-76 所示。

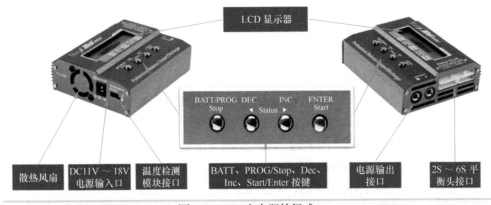

图 1-76　B6 充电器的组成

（2）B6 充电器的性能参数

1）NiCd/NiMH。

① 蓄电池电压：1.2V/ 节。

② 允许的充放电倍率：1C ～ 2C（取决于蓄电池的性能）。

③ 放电终止电压：0.85V/ 节（NiCd），1.0V/ 节（NiMH）。

2）Li-Ion。

① 蓄电池电压：3.6V/ 节。

② 最大充电电压：4.1V/ 节。

③ 允许的充放电倍率：1C 或更小。

④ 最低放电终止电压：2.5V/ 节或更高。

3）LiPo。

① 蓄电池电压：3.7V/ 节。

② 最大充电电压：4.2V/ 节。

③ 允许的充放电倍率：1C 或更小。

④ 放电终止电压：3.0V/ 节或更高。

4）LiFe。

① 蓄电池电压：3.3V/ 节。

② 最大充电电压：3.6V/ 节。

③ 允许的充放电倍率：4C 或更小。

④ 最低放电终止电压：2.0V/ 节或更高。

5）Pb。

① 蓄电池电压：2.0V/ 节。

②（铅 - 酸）最大充电电压：2.46V/ 节。

③ 允许的充放电倍率：0.4C 或更小。

④ 放电终止电压：1.75V/ 节或更高。

（3）充电器使用流程 B6 充电器使用流程，如图 1-77 所示。

（4）锂（LiPo/Li-Ion/LiFe）离子电池充电程序 锂离子电池充 / 放电程序只适用于标称电压是 3.3V/ 节、3.6V/ 节、3.7V/ 节的锂离子电池充 / 放电。

蓄电池的电流和电压必须正确设置：LiPo=4.2V，Li-Ion=4.1V，LiFe=3.6V。

如果想要改变参数的值，按 <START/ENTER> 键使其闪烁，然后按 <DEC> 键或 <INC> 键改变数值。按下 <START/ENTER> 键后数值就会被存储。

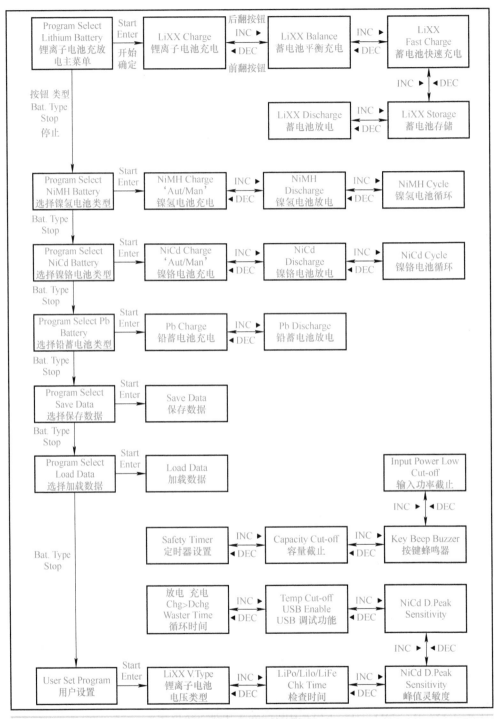

图 1-77　充电器使用流程

1）锂离子电池充电程序。锂离子电池充电程序，如图 1-78 所示。

第一行显示选择的蓄电池类型；第二行显示设置的充电电流，设置完电流和电压，长按 <START/ENTER> 键超过 3s 来启动进程（充电电流：0.1 ～ 5.0A，电压：3.7 ～ 22.2V）。

"R" "S" 显示了用户设置的蓄电池数量和处理器测得的数量。"R" 是充电器测得的，

"S"是用户在之前的屏幕所设置的。如果两者是一致的，便可以按<START/ENTER>键开始充电。否则，按<BATT TYPE/STOP>键返回上一级，在进一步操作前仔细检查蓄电池数量。

此屏幕显示了充电进程的实时状态。按<BATT TYPE/STOP>键一下就会停止充电。

2）平衡充电模式下给锂离子电池充电。平衡充电模式（见图1-79）充电是为了充电时能平衡锂离子电池的电压。在平衡充电模式下，蓄电池需要有平衡电线连接到充电器右侧单独的接口。

在此模式下充电和通常的充电模式不同，因为内置的处理器会监视每块蓄电池的电压并控制输入蓄电池的电流，让每块蓄电池达到标准电压。

左侧第二行的数值设定了充电电流。右侧第二行的数值设定了蓄电池电压。设置完电流和电压，按<START/ENTER>键超过3s来起动进程。

这显示了用户设置的蓄电池数量和处理器测得的数量。"R"是充电器测得的。"S"是用户在之前的屏幕所设置的。如果两者是一致的，便可以按<START/ENTER>键开始充电。否则，按<BATT TYPE/STOP>键返回上一级，在进一步操作前仔细检查蓄电池数量。

此屏幕显示了充电进程的实时状态。按<BATT TYPE/STOP>键就会停止充电。

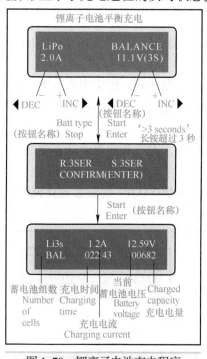

图1-78 锂离子电池充电程序

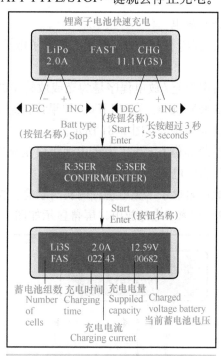

图1-79 平衡充电模式

3）独立蓄电池连接（8个引脚的针分配）充电，如图1-80所示。

4）锂离子电池的快速充电。在充电进程的尾声，充电电流会减小。特别的CV（C：Current，电流；V：Voltage，电压）处理会使充电过程早些结束。实际上，当充电进程完成1/10后，充电电流会减小到原有的1/5。充电电量会比通常充电时略少，但充电时间相应地缩短。可以为蓄电池包设定充电电流和电压。按<START/ENTER>键确认电压，再按<START/ENTER>键确认并开始充电。屏幕显示为"快速充电"进程的实时状态，按<BATT TYPE/STOP>键就会停止充电。

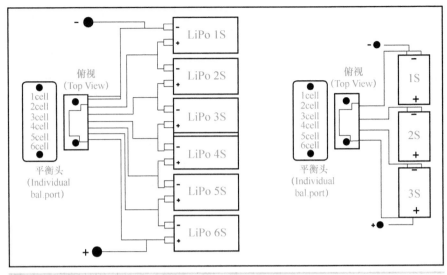

图 1-80　独立蓄电池连接图

（5）放电

1）锂离子电池储存控制。锂离子电池储存控制适用于给不需要马上使用的蓄电池充/放电。

蓄电池充/放电程序是为充或放特定的初态蓄电池设计的。用类型来分类：3.75V Li-Ion、3.85V LiPo、3.3V LiFe。如果该初态蓄电池的电压超过了存储电压，程序开始对它放电，其屏幕显示如图 1-81 所示。

在此屏幕下，可以为蓄电池组设定充电电流和电压。充电和放电会让蓄电池达到"存储"状态的电压。

此屏幕显示了充电进程的实时状态。按 <BATT TYPE/STOP> 键就会停止充电。

2）锂离子电池放电，屏幕显示如图 1-82 所示。

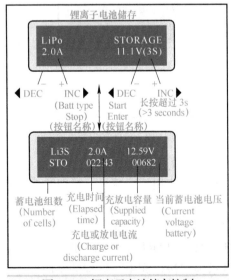

图 1-81　锂离子电池储存控制

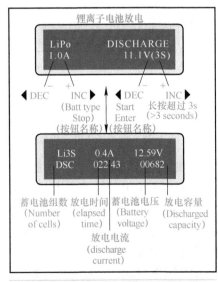

图 1-82　锂离子电池放电屏幕显视

左侧值表示的放电电流不能超过 1C，右侧值不能低于生产商推荐的电压以防止过放。按 <START/ENTER> 键超过 3s 来起动进程。

此屏幕显示了放电进程的实时状态，按 <BATT TYPE/STOP> 键就会停止放电。

3）在放电过程中平衡电压以及监视特性。

①当处于"存储"和"放电"进程时，处理器监视着每节蓄电池的电压。为实现此功能，把蓄电池单独连接在充电器上。

②如果任何蓄电池的电压有异常，B6 充电器会显示错误信息并强制结束程序。

③如果有蓄电池损坏或断开，可以看到错误信息。单击按 <INC> 键可查看哪块蓄电池损坏了，如图 1-83 所示。错误信息是"一块蓄电池的电压太低了"，按 <INC> 键查看，第 4 块蓄电池损坏了；如果电压值为 0，则表示发生了断路。

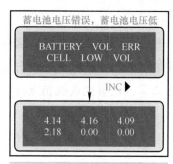

图 1-83　放电过程检测

4. 蓄电池、充电器、测电器的维修与维护

1）充电器工作环境应透风。

2）充电器的充电功率应满足所充蓄电池的充电需求。

3）充电器的充电电线应完好、无裂纹。

4）测电器测量端与蓄电池的连接要正确。

5）蓄电池不能满电存放，应在电量为 60% ～ 70% 的情况下进行保管存放。

6）满电蓄电池的存放应先用放电设备将满电蓄电池的电量降至总电量的 60% ～ 70% 后，再进行存放保管。

5. 培训标准

维护蓄电池培训标准，见表 1-5。

表 1-5　维护蓄电池培训标准

序　号	培训项目	培训标准
1	测电器使用	能够识读测电器参数；能够使用测电器检测蓄电池参数
2	电调选配	能够根据给出的参数正确选配电调
3	电调安装	能够利用工具安装电调，正确连接电调与电机、电调与分电板
4	电机排故	能够根据电调故障现象分析故障产生的原因，依据分析结果，利用工具排除电调的故障
5	焊接分电板	能够利用焊接工具，焊接分电板与电调连线
6	线路连线	能够使用工具正确进行电调与飞控、电调与电机、电调与分电板的连接
7	蓄电池	能够检查蓄电池的外观，能够检测蓄电池参数，能够利用充电设备正确进行蓄电池的充电、放电，能够正确存放蓄电池

任务 6 维护任务系统

通过练习飞控安装与维保、GPS 安装与维保、任务设备安装与维保、飞控安装与维保，培养学生独立进行系统、GPS、云台、任务设备连接与调试云台的维修与维护技术能力。

任务情境

某公司接到一批无人机生产任务，根据生产流程，需要对完成机体组装的无人机安装飞控、GPS 和云台，并对完成安装的飞机，依据程序进行连接、检测与调试，以保证飞控系统、GPS 和云台与飞机的通信正常，能够完成航拍飞行。

任务要求

1. 知识要求

（1）掌握飞控的安装方法。

（2）掌握飞控与其他设备的连线方法。

（3）掌握安装、调试过程的注意事项。

（4）掌握 GPS 与支架的连接方法。

（5）掌握 GPS 与飞控的连接方法。

（6）掌握 GPS 安装的注意事项。

（7）掌握云台的安装方法。

（8）掌握云台安装的程序。

2. 技能要求

（1）能够安装飞控。

（2）能够连接飞控与被控设备。

（3）能够检测飞控与其他设备的连线情况。

（4）能够调试飞控和被控设备的协同工作。

（5）能够安装 GPS 与飞控。

（6）能够连接 GPS 与飞控。

（7）能够按照程序安装云台。

（8）能够调试云台。

本任务主要是按照程序安装飞控，连接被控设备，调试飞控和被控设备的协同工作；按照程序安装 GPS 与飞控、连接 GPS 与飞控；按照程序进行云台的固定、云台与机身的连接、云台与 GoPro 的连接和云台调试。

1. 飞控的安装

（1）工具准备　准备的工具包括内六角扳手、剪刀、3M 胶带、扎带，如图 1-84 所示。

图 1-84　准备的工具

（2）飞控　飞控确保无人机的稳定性，数据传输的可靠性、精确度、实时性等，尤其是数据链系统对遥控指令的准确传输，可以保证无人机接收、发送信息的实时性和可靠性，以及信息反馈的及时性、有效性。

（3）飞控组成　这里以大疆 A2 飞控为例进行介绍，A2 飞控组件，如图 1-85 所示。飞控组件主要由主控器、电源管理模块、惯性测量单元、LED 灯、GPS、USB 线、航舵线、GPS 支架、3M 胶等组成。

主控器（Controller Unit） （内置接收机（DR16））	电源管理模块（Power Management Unit，PMU）	惯性测量单元（Inertia Measurement Unit，IMU）
LED-BT-l	GPS-COMPASS PRO PLUS	配件
		Micro-USB 线（1） 舵机线（2） GPS 支架 3M 胶

图 1-85　A2 飞控组件

1）机架、遥控器、接收机。使用 DJI-S1000 机架、遥控器 FUTABA-14SG、遥控器匹配的接收机，如图 1-86 所示。

图 1-86　DJI-S1000 机架、遥控器 FUTABA-14SG 和接收机

　　2）飞控连线图。A2 飞控由主控器、电源管理模块（PMU）、惯性测量单元（IMU）、LED 灯、GPS 组成。飞控的总体连线，如图 1-87 所示。

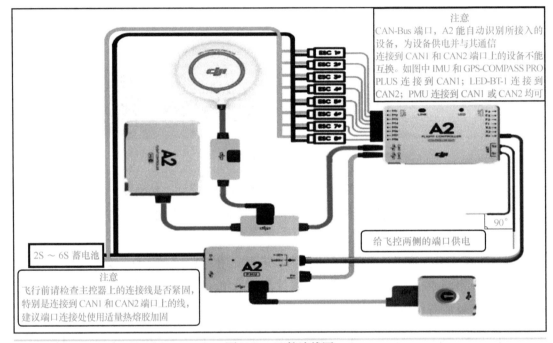

图 1-87　飞控连线图

　　3）电源管理模块。电源管理模块（PMU）端口，如图 1-88 所示。

　　输入端口，接动力蓄电池；输出端口连接主控器，为飞控供电；两个 CAN-Bus 端口连接 LED 灯或大疆其他产品。PMU 没有安装位置要求，选择散热好的位置安装。

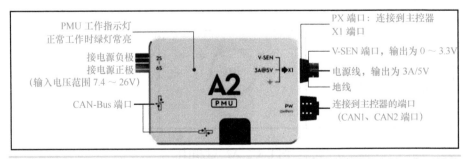

图 1-88　PMU 端口

　　4）LED 灯。确保对尾飞行时能看到 LED 的状态，LED 灯的安装，如图 1-89 所示。

图 1-89　LED 灯的安装

5）主控器。主控器是飞控的核心模块，端口，如图 1-90 所示。

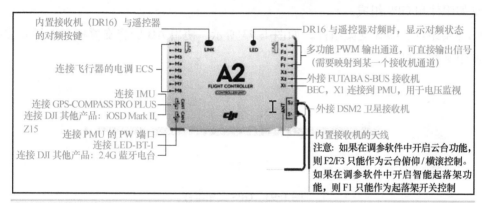

图 1-90　主控器端口

M1～M8 接飞行器的电调 ECS，两个独立工作的 CAN 总线端分别接 IMU 和 PMU，X1 接 PMU 的输出端，X2 外接 FUTABA S-BUS 接收机。

主控器选择合适的位置安装即可，没有特殊要求，安装时尽量使所有端口不被遮挡。

6）IMU 为惯性测量单元。模块内的惯性传感器可以测定飞行器的飞行姿态；模块内的气压计可以测定飞行器的飞行高度；使用温度范围 −5～60℃，存放温度低于 60℃；使用时，将 IMU 连接到主控器的 CAN1 端口上。IMU 安装时，确保正面朝上，尽量靠近飞行器振动最小的位置安装，一般是飞行器的重心，IMU 正面的箭头指向机头方向，如图 1-91 所示。

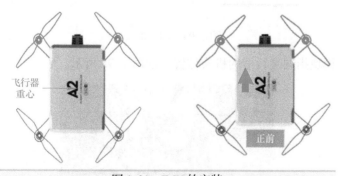

图 1-91　IMU 的安装

此外，IMU 带有一个 CAN-Bus 总线连接器（见图 1-92），用于连接 GPS 模块或其他设备。

图 1-92　CAN-Bus 总线连接器

7）GPS 模块。GPS 模块内含 GPS 和指南针，用于测量地磁场，与 GPS 一起实现飞行器水平方向定点。使用时需要进行指南针校准，不能在铁磁环境中存放和使用。GPS 模块由支架组件和 GPS 组成。

①支架组件。GPS 支架组件，如图 1-93 所示。使用 AB 胶将支撑杆与天线安装座和安装座组装在一起。

图 1-93　GPS 支架组件

②支架组件与 GPS 安装。把支架组件安装在飞机的中心盘上，然后把 GPS 用 3M 胶固定安装在安装座上，如图 1-94 所示。

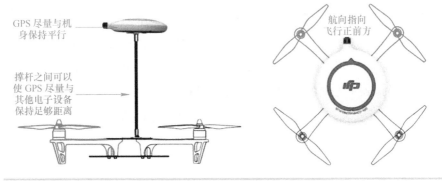

图 1-94　GPS 的安装

注意：GPS 模块指向飞行器的机头位置，如图 1-95 所示。

图 1-95　GPS 模块的安装

8）LED 灯模块。LED 灯模块集成了 LED 指示灯、蓝牙和 USB 接口（见图 1-96）。LED 指示灯用于指示飞行过程中飞控系统的状态（如飞行模式）。蓝牙模块可以与移动设备进行实时无线通信，从而实现移动设备调参，安装时要求内置蓝牙天线无遮挡。Micro-USB 接口用于 PC 连接，安装时注意接口的位置，以便使用 PC 调参时连线。

图 1-96　LED 灯模块

小贴士

LED 安装位置要合适，确保飞行过程中能看到其闪灯，且蓝牙天线不受遮挡。

（4）安装飞控　把飞控安装到机架上并完成连线。

1）安装 IMU。安装 IMU 到机架，确保 IMU 箭头与飞行器机头朝向保持一致，如图 1-97 所示。

图 1-97　IMU 的安装

2）安装 PMU。安装 PMU 到机架，如图 1-98 所示。

图 1-98　PMU 的安装

3）安装 A2 飞控。安装 A2 飞控，安装在如图 1-99 所示的位置。

图 1-99　主控器的安装

（5）连线

1）按连线图进行连线。飞控部件的位置固定好之后，按照图 1-100 所示完成飞控的连线。

2）飞控与中心架的接线。一端接头连接到中心架电调信号插座（M1 ~ M8），另一端接头连接到主控器端口（M1 ~ M8），注意接头不要插反。接线，如图 1-101 所示。

图 1-100　飞控连线　　　　　　　　图 1-101　飞控与中心架的接线

3）中心架 XT60 的接线。中心架 XT60 的接线，如图 1-102 所示。连接 PMU 的电源线到中心架的底板朝上的一路 XT60 接口。

4）连接接收机。将接收机连接到 A2 飞控上，如图 1-103 所示。

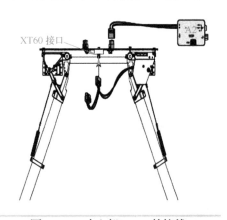 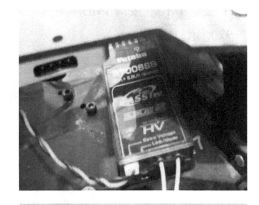

图 1-102　中心架 XT60 的接线　　　　　　图 1-103　接收机的连线

5）飞控连线检测。打开准备好的遥控器，找到关联菜单里的"SYSTEM"，进入选项卡，单击"LINK"按钮，给飞行器上动力电。当接收机上面的指示灯变为绿色说明对频成功。对频成功之后断开动力电，飞控的安装到这里就完成了，接下来就可以进行飞控的调参。

2．飞控与其他设备调试

（1）安装调参软件　搜索大疆的官网，找到 A2 飞控对应的调参软件，下载好之后安装到自己的计算机上。

（2）进入调参界面　双击 A2 图标，打开软件，进入调参界面，如图 1-104 所示。

1）"信息"：进入"信息"，查看当前用户信息和版本号。

2）"工具"：进入"工具"，单击"恢复默认设置"按钮，查看固件信息以及是否需要升级固件。

3）"基础"：进入"基础"，分别可以设置飞行器、安装、遥控器、感度、云台通道。

4）"查看"：进入"查看"，检查所有基础设置项。

5）"指示灯"：当飞控与软件连接后，指示灯闪烁。

6）"模式"：显示飞机飞行模式（如 GPS 模式、姿态模式等）。

7）"遥控器状态"：显示遥控器与接收机的连接状态。

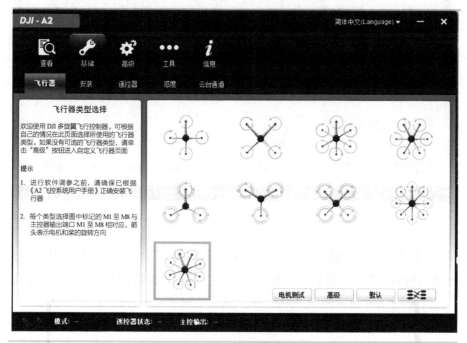

图 1-104　A2 调参界面

（3）用数据线连接调参软件和设备　为了安全起见，飞行器上电之前需要把所有螺旋桨拆除，打开遥控器，然后再给飞行器上动力电。用数据线将飞行器与计算机连接起来，如图 1-105 所示。

图 1-105　数据线连接设备

（4）进入调参界面　连接之后双击调参软件图标进入界面，绿灯常亮说明连接成功，蓝灯闪烁说明遥控器连接正常。

1）选择机架构型。选择基础菜单下的飞行器，选择飞行器的机架构型（见图 1-106）。A2 飞控会根据选择的类型来进行电机顺序的分配，总共默认的机架构型有九种。

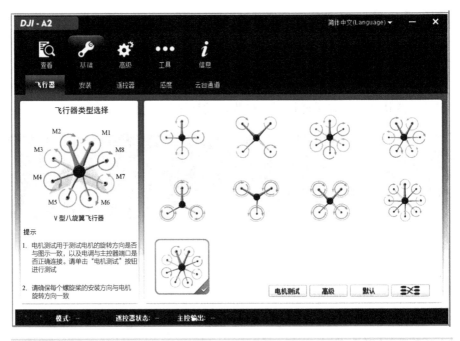

图1-106 选择机架构型

2）电机测试。选择好机架构型后，单击"电机测试"按钮，如图1-107所示。检查每一个电机的转向是否符合逻辑，电机是否异常。如有异常请检查飞控与电调的连线。

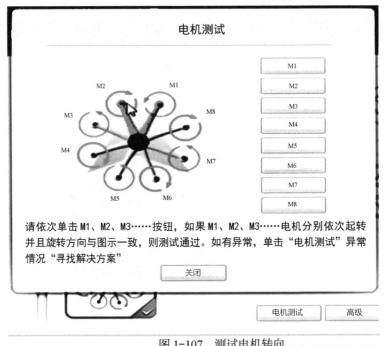

图1-107 测试电机转向

3）自定义操作。超出常规九种类型外的非常规布局电机设置，可以在高级自定义中为每个电机分配顺序和设置不同动作下的转速，非常规布局电机的设置，如图1-108所示。

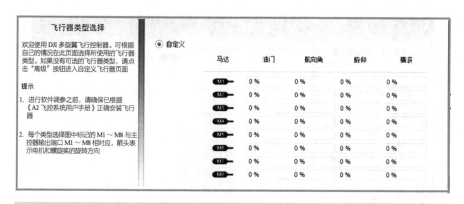

图 1-108　非常规布局电机的设置

4）IMU 和 GPS 校正。单击"安装"标签，它的作用是当 IMU 和 GPS 的安装位置不在飞行器重心时，在该界面中填入 X、Y、Z 轴的实际偏差值进行虚拟校正，红线方向填入正数，绿线方向填入负数。IMU 方向选择第一个沿机头方向，如图 1-109 所示。

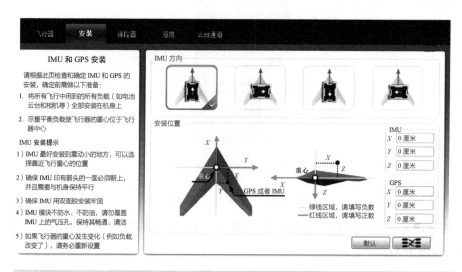

图 1-109　IMU 和 GPS 位置的虚拟校正

5）U 通道控制模式和失控保护。单击"遥控器"选项卡，可以选择接收机的类型，设置 U 通道控制模式和失控保护。

① 接收机类型选择。接收机类型支持 D-BUS、DR16、DSM2、PPM 四种类型，DR16 为 A2 飞控内置接收机。这里选择 D-BUS 模式，如图 1-110 所示。

② 控制模式选择。给遥控器上电，在遥控器上设置一个三位开关作为控制模式开关，其中两个档位默认为 GPS 和姿态模式，还有一个档位可以设置成姿态或手动模式，如图 1-111 所示。

小贴士

初学者请勿使用手动模式。

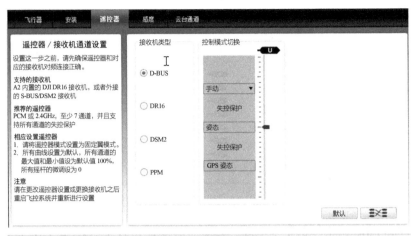

图 1-110　接收机的类型

图 1-111　控制模式的设定

③ 控制模式切换。拨动控制模式开关到三个不同的档位使其分别显示三个不同的控制模式，如图 1-112 所示。

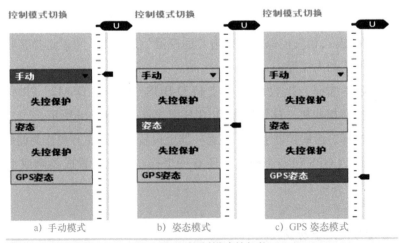

a) 手动模式　　　　b) 姿态模式　　　　c) GPS 姿态模式

图 1-112　控制模式的切换

④ 失控保护。关闭遥控器，调参软件中的光标将指向控制模式区域外的任一区域表示失控状态，如图 1-113 所示。

以上设置均成功则表示控制模式设置成功。

如果在设置过程中，光标没有准确地指向对应的控制模式区域，则表示开关设置不成功，需要在遥控器中设置 Endpoint 和 Failsafe 选项，使光标能准确地指向相应的控制模式并且控制模式区域变蓝，如图 1-114 所示。

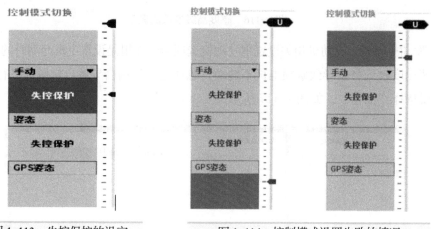

图 1-113　失控保护的设定　　　　　　图 1-114　控制模式设置失败的情况

6）感度设置。由于不同飞行器动力系统的差异、质量及重心位置差异表现出不同的飞行状态，所以需要通过感度来进行调节，以获得良好的飞行状态。

① 基础感度。基础感度指的是飞行器悬停状态下进行自我修正的修正力度，基础感度过高会导致系统振荡，飞行器抖动，过低会影响飞行器的稳定性。

② 姿态感度。姿态感度是指打杆时飞行器响应速度的快慢，姿态感度越大响应越快手感越僵硬，姿态感度越小手感越柔和。

单击"感度"标签，如图 1-115 所示。

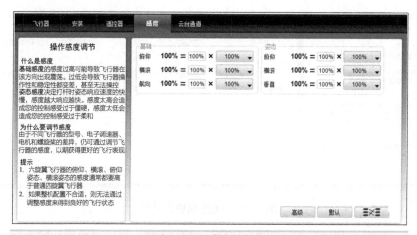

图 1-115　感度的设置

③ 操作感度调节。A2 飞控没有最大角速度的调整，高级感度参数不建议初学者进行调整，仅适用于特殊飞行和高级玩家优化飞行性能，如图 1-116 所示。

图 1-116　感度高级参数的调整

7）发动机设置。发动机相关设置中发动机选项卡的作用是设置电机起动时的怠速速度。怠速速度过低将会导致解锁电机不转动，怠速速度过高会导致电机解锁飞行器直接起飞，建议选择"推荐"，如图 1-117 所示。

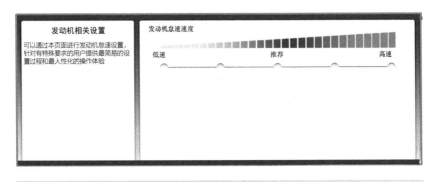

图 1-117　发动机怠速设置

8）失控保护设置。失控保护设置是指当飞行器上行链路中断，即遥控器丢失信号时，飞控指挥飞行器作出的应急措施，包括悬停和返航降落。返航高度可以自己定义。返航机头朝向是当返航激活时，飞行器是倒车返航还是直行返航。返航开关是可以通过分配的返航通道开关来激活或暂停返航的，如图 1-118 所示。

图 1-118　失控保护的设置

9）智能方向控制设置。智能方向控制（IOC）选项卡可以设置智能飞行模式。

① 智能方向控制：可以分配通道，通过通道开关来激活或关闭航向锁定兴趣点环绕功能。

② 协调转弯：作用类似于副翼方向或方向副翼混控，选中"使用横滚杆"单选按钮则在打副翼时自动转方向，选中"使用偏航杆"单选按钮则相反，"漂移阻尼"建议设置为100。

③ 巡航控制：选择"巡航控制"启用该功能，分配三段开关来激活或关闭巡航控制以得到匀速飞行，如图1-119所示。

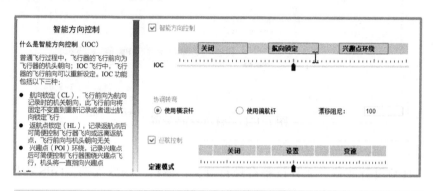

图 1-119　智能方向控制的设定

10）电压保护设置。在"电压保护设置"界面，选中"开启"单选按钮以激活该功能，X1 必须接入，如果调参软件显示的当前电压与测电计测得的不同，需要校准。电压保护分为一级保护和二级保护。一级保护下，当动力蓄电池电压低于一个预设值时，飞行器采取的保护措施有 LED 报警和自动返航降落两种。二级保护下，当动力蓄电池低于一个更低的预设值时，飞行器采取的保护措施同样有 LED 报警和自动返航降落，如图 1-120 所示。

图 1-120　电压保护设置

11）电子围栏设置。电子围栏即飞行限制，如图 1-121 所示。选择飞行限制的高度和距离、选择开启"返航点保护"，飞行器将不能飞入以返航点为中心的预设半径范围内，可以分配通道开关，打开或关闭该功能。

到此，A2 飞控的调参基本上完成，可以给飞行器断电，装上螺旋桨之后，将飞行器搬到开阔地，接上动力电，校准地磁，完成后可以试飞（为安全起见可以用绳将飞行器拴在地钉上），起飞后先试试舵，可悬停，没有问题再进行大动作拉距测试，测试中如果发现飞行器有问题，再排查分析原因，重新调参再试飞，直到飞行器可以自如稳定地飞行。

图 1-121　飞行限制的设置

3. 安装GPS

（1）工具与设备准备　工具设备有螺钉旋具、螺钉、GPS 支架、GPS 模块、飞控及耗材双面胶，如图 1-122 所示。

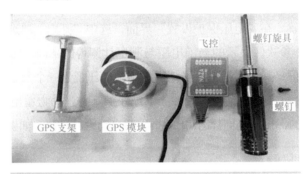

图 1-122　工具与设备准备

（2）安装 GPS 步骤

1）将双面胶贴在 GPS 模块背面，如图 1-123 所示。

2）将 GPS 模块和 GPS 支架相粘接，如图 1-124 所示。

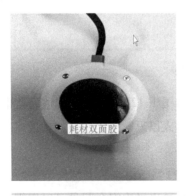

图 1-123　GPS 背面粘双面胶

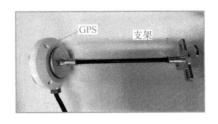

图 1-124　GPS 固定到支架上

3）使用螺钉将 GPS 支架固定在无人机机身上（见图 1-125），将螺钉拧紧。

注意：GPS 模块的箭头指向对准机头方向，如图 1-126 所示。

图 1-125　支架固定到无人机上

图 1-126　GPS 箭头与机头方向一致

（3）连接 GPS 与飞控

1）首先将双面胶贴在飞控底部，如图 1-127 所示。

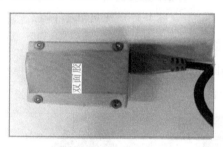
图 1-127　飞控底部粘双面胶

2）将飞控粘接固定在无人机中心位置，飞控上的箭头必须对准机头，如图 1-128 所示。

3）将 GPS 模块连接到飞控的 EXP 接口（以大疆 NAZA 飞控为例），如图 1-129 所示。

图 1-128　飞控箭头方向和机头方向一致

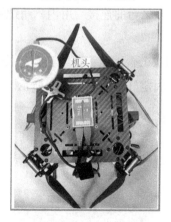
图 1-129　GPS 连接到飞控

（4）安装 GPS 的注意事项

1）选用双面胶时要选用粘性强且不易脱胶的双面胶。

2）安装 GPS 时要注意将 GPS 模块的箭头指向对准机头方向。

3）安装飞控时飞控上的箭头必须对准机头方向。

4）GPS 模块与飞控连接时要注意连接接口是否连接正确。

4. 任务设备（云台）安装与调试

（1）工具设备 2.5mm 螺钉旋具、2.0mm 螺钉旋具、两个螺柱及配套的螺钉、云台、GoPro（运动相机），如图 1-130 所示。

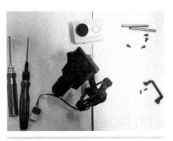

图 1-130 工具和云台

（2）云台和 GoPro（运动相机）安装

1）检查云台各部件的固定情况。

2）将 GoPro 固定在云台上，如图 1-131 所示。

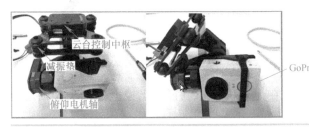

图 1-131 相机固定到云台

（3）云台的连接 用内六角螺钉把两个长螺柱与云台顶部连接固定在一起，如图 1-132 所示。

（4）云台固定 把与云台连接好的固定螺柱，对正机身下方蓄电池舱底板的连接孔，用螺钉固定好，如图 1-133 所示。

图 1-132 连接云台

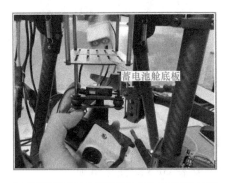

图 1-133 云台与机身的连接

（5）连接云台排线和 GoPro 排线口

1）将云台排线、GoPro 排线口连接在一起，如图 1-134 所示。

2）GoPro 相机一定要与云台的两个轴的方向相一致，如图 1-135 所示。

图 1-134 连接排线	图 1-135 相机与云台轴方向一致

（6）云台的调试

1）安装调试软件。云台调试前应仔细阅读使用说明，按照说明书要求下载好计算机端调参软件。安装好调参软件，插入 USB 转接模块，配置好 COM 端口。

2）连接云台和调试计算机。云台通电后插入数据线，单击调参软件中的"连接"按钮，看到调参软件提示连接成功后可以开始调参工作。

3）参数调试。云台调参主要调整安装在飞行器上面的云台，默认通电水平位置。通过调参软件微调云台俯仰通道参数（Pitch）。通过调参软件微调云台滚转通道参数（Roll）。参数调整好后单击"保存"按钮。重新给云台上电检验新调整参数是否生效。

5．维修维护

1）安装时要注意防止用力过猛。

2）安装应按照顺序进行。

3）紧固螺钉要均匀用力，防止用力过猛或过轻。

4）调试前要按照检查路线检查任务设备的紧固性。

5）安装完毕后，电线、电调要捆扎牢靠。

6）安装后要检查是否有漏项。

7）飞控安装方向要正确。

8）GPS 天线一定是在最高处。

9）云台安装要牢靠。

10）云台与其他设备的线路连接正确、牢靠。

11）测试时注意飞行器与人员之间的距离。

6. 培训标准

维护任务系统培训标准，见表1-6。

表1-6　维护任务系统培训标准

序　号	培训项目	培训标准
1	安装飞控	能够正确按照飞控安装方向指向机头方向
2	飞控与其他设备调试	能够正确连接飞控与被控设备；能对连接完毕的被控设备进行调试
3	安装GPS	能够利用工具设备正确安装GPS。安装方向与机头方向一致、安装位置高于其他电磁设备
4	云台的安装与调试	能够使用工具设备安装、调试云台。安装牢靠，连线正确，调试稳定
5	维修维护	能够按照路线对任务系统进行维修维护。安装依据规范，按照顺序进行；调试按照程序进行；维护检查按照路线进行；测试需要一定的间隔距离，安全第一

任务 7　维护 10mL 汽油发动机

学习目标

通过练习汽油发动机的组装、检查、调试、维修维护等技能，培养学生独立进行汽油发动机组装、检查、维护的能力。

任务情境

公司接到30台10mL汽油发动机的生产任务，根据生产任务书的要求，领取生产工具、发动机零部件，在生产车间按照生产工艺装配发动机，并对装配好的发动机进行调试，调试完毕后根据维护检查要求进行维护检查，没有问题后就可以装箱等待发货了。

任务要求

1. 知识要求

（1）掌握汽油发动机的组装方法。

（2）掌握汽油发动机的组装程序。

（3）掌握汽油发动机的组装注意事项

2. 技能要求

（1）能够按照程序组装汽油发动机。

（2）能够检查汽油发动机。

（3）能够对发动机进行维护。

任务分析

本任务主要是汽油发动机的组装、汽油发动机的调试检查、汽油发动机的维护。难点是组装的正确性，重点是对组装好的汽油发动机进行调试，保证组装好的发动机能够正常转动。

1. 工具准备

锉刀、纸胶带、毛刷、圆珠笔、内六角及十字螺钉旋具，十字套筒（具体根据发动机中的螺钉型号选用），如图 1-136 所示。

2. 组装顺序

（1）堵住排气口　将发动机排气门用纸胶带堵住（防止异物进出排气门），如图 1-137 所示。

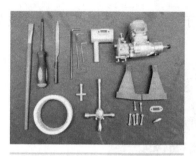

图 1-136　工具和发动机

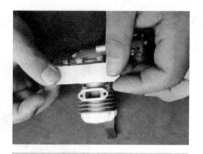

图 1-137　用纸胶带堵住排气门

（2）安装火花塞　再将火花塞手动安装到发动机电嘴安装口，如图 1-138 所示；最后再用十字套筒加固，如图 1-139 所示。

图 1-138　安装火花塞

图 1-139　紧固火花塞

（3）加固气缸　用内六角螺钉旋具将汽缸身的螺钉加固，如图 1-140 所示。

（4）修正发动机支架　用锉刀将发动机支架不规则处锉平，如图 1-141 所示。

图 1-140　紧固缸身螺钉

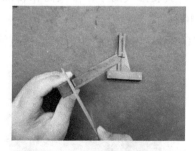

图 1-141　锉发动机支架

（5）支架标记　锉完后将支架安装发动机的一侧用纸胶带粘一层（后面打孔的校准点），如图 1-142 所示。

图 1-142　支架一侧粘纸胶带

（6）确定支架安装孔　将两个支架和发动机置于一个水平面上，用圆珠笔在支架安装孔打点，如图 1-143 所示。

图 1-143　圆珠笔打点

（7）支架打孔　将支架固定在虎钳上，用电钻在上一步打点处打孔，如图 1-144 所示。

（8）连接支架与发动机　将发动机和两个支架用内六角螺钉旋具组装，如图 1-145 所示。

图 1-144　支架打孔　　　　　　　图 1-145　安装支架

（9）安装排气筒　将排气筒和石棉垫与发动机组装（将第二步中粘的胶带撕下），如图 1-146 所示。

（10）最后，发动机组装完毕　汽油发动机成品，如图 1-147 所示。

图 1-146　安装排气筒和石棉垫　　　　　　图 1-147　汽油发动机

3．检查发动机

1）以安装顺序检查发动机的紧固情况，应无松动。

2）检查进／排气孔应无外来物。

3）组装完毕后，排气门应该用胶带封死，防止杂质进入。

4．汽油机的调试

（1）调整低速油针　将低速油针打开至说明书要求圈数附近，起动发动机。发动机起动进入怠速后，推油门至风门打开一半的位置，观察发动机状态变化。

1）在推油门时发动机停车。这是低速油针贫油，逆时针调整 1/8 圈再起动观察。低速油针调整，如图 1-148 所示。

2）推油门发动机不跟随响应。这是因为怠速混合气过稀（低速油针稍贫油），将低速油针再调整 1/8 圈，直到发动机转速可以跟随。

3）发动机转速能够比较灵敏地跟随油门变化　这是正常状态，但低速油针富油，转速也可以跟随。

保持怠速运行 30s ～ 1min，转速如果慢慢上升，则是低速油针贫油，要稍微逆时针调整一些（1/8 圈以内）。相反，如果转速降低，则是低速油针富油，要稍微顺时针调整（关闭）一些（1/8 圈以内）。

（2）高速油针调整　调节高速油针，先调整高速油针到最高转速，稍有下降后，再往回关 1/8 圈。保持全油门状态 10s 以上，突然降到怠速油门，有以下情况出现。

1）能马上降到怠速，说明油针位置合适。

2）转速比原来怠速低，但几秒后又能恢复原来转速，说明高速针富油，发动机内有过多燃料没有烧完，应将高速针关小一些（1/8 圈以内）。

3）怠速不能马上降低，而是缓慢降低。收油门后转速不能马上变为怠速是因为高速油针贫油，以 1/16 圈为准，每次打开一点点，汽油机在调整时应注意以发动机转速跟随反应为准，而不是像甲醇机以最高转速为准。所以，汽油机最好的状态应该是响应速度最快。至此，汽油机化油器就基本调整好了。高速油针调整，如图 1-149 所示。

图 1-148　低速油针调整

图 1-149　高速油针调整

5．维修维护

1）拆装维护时要注意防尘，防止杂质进入发动机内部，所以用胶带将排气门封死。

2）组装过程中紧固螺钉时要均匀用力，防止用力过猛或过轻。

3）组装后要检查是否有漏项。

4）汽油机相比甲醇机振动更大，在使用时一定要注意减振和螺钉的防松，尤其是排气管和火花塞，要定期检查螺钉有无松动。

5）新发动机可以装在飞机上磨合，但还是建议如有条件，将发动机装载试车台架上进行磨合更加安全。因为新发动机的振动较大，对飞行器的寿命会有一定影响。

6）机油与汽油比例不同会导致发动机状态不同，要按照说明书的要求进行配比。在磨合期间，可以略微提高机油比例，但过多的机油会加重积炭的产生，在正常使用时还需注意。

7）汽油机的排气管没有增压，靠化油器里面的隔膜泵将油吸入发动机。油箱上需有一根管与大气连通，若担心燃料会从通气管渗漏，可将通气管固定环绕一圈。

8）汽油机应使用汽油专用油管，不可使用硅胶管。

9）汽油机工作时温度比甲醇机高，发动机停车后不要触碰发动机，小心烫伤。

10）汽油机安装在机头罩内要做好散热，避免过热拉缸。

6．培训标准

维护 10mL 汽油发动机培训标准，见表 1-7。

表 1-7　维护 10mL 汽油发动机培训标准

序　号	培训项目	培训标准
1	工具设备使用	能正确准备维护发动机的工具，能够正确使用工具
2	组装发动机	能够按照程序组装发动机。无遗漏，无安全事故；组装完毕的发动机排气门应该用胶带封死
3	检查发动机	能够按照步骤检查组装好的发动机。紧固部件，无松动；进排气孔应无外来物，并用胶带封死，防止杂质进入
4	发动机调试	能够正确进行低速油针调试、高速油针调试。低速不贫油、不富油；高速响应快
5	维修维护	能够依据规范，按照顺序进行组装；能够依据程序进行调试；能够按照步骤进行维保检查。维修维护过程，安全第一

维护训练用无人机

项目 2

本项目的主要内容为 260 多旋翼无人机组装调试与维护、360 多旋翼无人机组装调试与维护、450 多旋翼无人机组装调试与维护、S1000 多旋翼无人机组装调试与维护等。

任务 1　维护 260 多旋翼无人机

学习目标

通过练习 260 多旋翼无人机部件认知、工具使用、组装调试、维修维护等技能，培养学生独立进行 260 多旋翼无人机组装、调试、维修维护的能力。

任务情境

某公司接到 40 台 260 多旋翼无人机的订单生产任务，根据生产任务书的要求，领取生产工具、零部件，在生产车间按照工艺流程装配无人机，并对装配好的无人机进行调试，调试完毕后根据要求进行维护检查，没有问题后就可以装箱等待发货了。

任务要求

1. 知识要求

（1）掌握 260 多旋翼无人机的组装方法。

（2）掌握 260 多旋翼无人机组装的注意事项程序。

（3）掌握 260 多旋翼无人机的调试方法

2. 技能要求

（1）能够按照程序组装 260 多旋翼无人机。

（2）能够利用调试软件调试组装好的 260 多旋翼无人机。

任务分析

使用工具设备，将散乱的部件组装成一架完整的 260 多旋翼无人机，使用调试工具对260 多旋翼无人机进行调试，并能够依据检查步骤对无人机进行检查维护。

任务实施

1. 部附件准备

220mm 碳纤维机架 1 个、2205 电机 2 对、30A 电调 4 个、XT60 电源头 1 个、分电板 1 个、F4 飞控 1 个、5.8G 图传 1 个、摄像头 1 个、棒棒糖天线 1 个、图传转接线 1 个、遥控器及接收机 1 套、3D 打印件 1 个。

2. 工具准备

电烙铁、焊锡丝、助焊剂、2.0 内六角螺钉旋具、2.5 内六角螺钉旋具、各种线材。

3．组装

利用组装工具进行组装。

1）利用焊接工具，将四个电机分别与4个电调焊接在一起，然后固定在机架上。

2）利用焊接工具，将XT60电源头焊接在分电板上，然后固定在机架中心。

3）利用焊接工具，将各电调的电源线焊接在分电板上。

4）将飞控固定在机架中心，然后将各电调的信号线焊接在飞控的PWM1～4通道上。

5）将5.8G图传的7～25V GND Video线分别焊接在飞控的相应焊点上。

6）将摄像头的7～25V GND Video线分别焊接在飞控相应的焊点上。

7）将接收机焊接在飞控的相应焊点上并对频、设置三个拨钮开关。

4．260多旋翼无人机的调试

1）将飞控连接计算机，选择正确的COM端口和波特率，单击"连接"按钮将飞控与调参软件连接。

2）设置。查看无人机姿态是否与实际一致。

3）端口。UART6端口中接收机选项打开，单击右下角的"保存并重启"按钮。

4）配置。飞行器类型选择Quard X，电调协议选择DSHOT600并打开解锁时电机不会旋转，接收机选择"串行数字接收机""SBUS"。

5）接收机。查看接收机各通道是否正确。

6）PID微调。

7）模式设置。ARM设置一个通道，在ANGLE自稳模式中选择AIR MODE空中模式。

8）电机调试。确保电机为无桨状态，选择"我已明白风险，并已经移除所有螺旋桨"，再将主控制推到最高；接上动力蓄电池，等电调提示音结束，把"控制"拉到最低，确认电调自检完成，电调电机的油门行程校准完成。

5．维修维护

1）注意焊接时避免桥接以免无人机通电短路。

2）调试时不要把UART1端口关闭，否则会导致飞控连接不上地面站。

3）调试无人机时一定要拆桨调试。

4）拆装维护时要注意防止用力过猛。

5）紧固螺钉要均匀用力，防止用力过猛或过轻。

6）调试前要按照检查步骤检查部附件的紧固性。

7）电线、电调要捆扎牢靠。

8）电机正/反转安装正确，不正确要进行调试。

9）上电前要检查各系统的安全性。

10）焊接接头防止虚焊。

11）线路连接正确、牢靠。

12）测试时注意无人机与人员之间的距离。

13）飞行测试要全面。

14）飞行测试注意人员与无人机安全。

6. 培训标准

维护260多旋翼无人机培训标准，见表2-1。

表2-1　维护260多旋翼无人机培训标准

序　号	培训项目	培训标准
1	工具、设备使用	能够正确准备、使用工具和设备
2	部附件	能够识读部附件，能够检测部附件
3	组装	能够利用工具设备组装无人机，并能够对组装好的无人机按照步骤进行检查、紧固。安装无漏项，紧固部件无松动
4	调试	能够使用工具正确进行模式设置、通道设置、电机调试、PID调节 选择COM端口和波特率正确；设置接收机各通道，PID调节；模式设置；ARM设置一个通道，在ANGLE中选择自稳模式AIR MODE空中模式；电机调试，确保电机为无桨状态，调试方法正确
5	维修维护	能够进行焊接检查维保，焊接时避免虚焊、桥接 能够按照程序进行无人机的调试。调试时不要把UART1端口关闭。调试飞机一定要拆桨调试 能够按照检查路线检查部附件的紧固性。固定牢靠，无松动 能够正确检查无人机各个工作系统。线路连接正确，上电前要检查各系统的安全性

任务2　维护360多旋翼无人机

学习目标

通过练习360多旋翼无人机的部件安装、整机调试、维修维护技能，培养学生能够利用工具独立进行360多旋翼无人机组装调试、维修、维护的能力。

任务情境

某公司接到40台360多旋翼无人机的订单生产任务，根据生产任务书的要求，领取生产工具、零部件，在生产车间按照工艺流程装配无人机，并对装配好的无人机进行调试，调试完毕后根据要求按照步骤进行维护检查，没有问题后就可以装箱等待发货了。

任务要求

1. 知识要求

（1）掌握360多旋翼无人机的组装方法。

（2）掌握360多旋翼无人机组装的注意事项程序。

2. 技能要求

能够按照程序组装360多旋翼无人机。

任务分析

使用工具设备，将部附件组装成一架完整的 360 多旋翼无人机，并使用调试工具对 360 多旋翼无人机进行调试，并能够依据检查路线对 360 多旋翼无人机进行检查维护。

任务实施

1. 工具准备

（1）焊接工具　电烙铁、焊锡丝、镊子、钳子、热缩管、电工胶布。

（2）组装工具　内六角螺钉旋具、美工刀、3M 双面胶、502 胶水。

2. 部件

部件有中心板、蓄电池舱、上顶板支撑柱、脚架、飞控、GPS、接收机、电机、电调、螺旋桨、蓄电池，如图 2-1 所示。

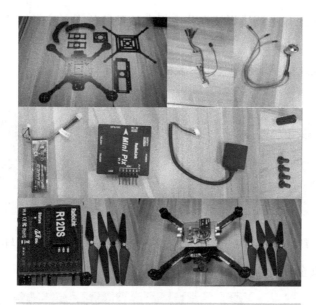

图 2-1　部件图

3. 蓄电池舱安装

1）将隔板插入预留卡槽中，如图 2-2 所示。

2）蓄电池舱组装，如图 2-3 所示。

图 2-2　隔板插入预留卡槽

图 2-3　蓄电池舱组装

4．安装脚架

安装脚架，如图 2-4 所示。

5．安装上顶板支撑柱

安装上顶板支撑柱，如图 2-5 所示。

图 2-4　安装脚架　　　　　　　　　　图 2-5　安装上顶板支撑柱

6．焊接电源线

1）将动力电源线与电调线焊接在分电板上的预留位置（注意正负极不要虚焊），如图 2-6 所示。

2）动力电源线及电调线在机体上安装固定，如图 2-7 所示。

图 2-6　电调线、动力电源线的焊接　　　图 2-7　动力电源线与电调线的固定

3）分电板及安全开关的安装，如图 2-8 所示。

图 2-8　分电板及安全开关的安装

7．电机安装

将电机安装在电机安装座上，并连接好电线，如图 2-9 所示。安装时注意电机的正 / 反转。

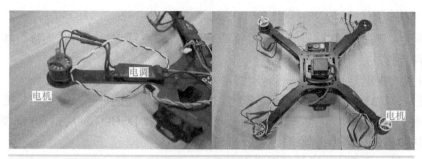

图 2-9　安装电机

8. 上顶板及飞控安装

1）安装飞控与 GPS 天线，如图 2-10 所示。

2）安装上顶板，如图 2-11 和图 2-12 所示。

图 2-10　飞控与 GPS 天线安装

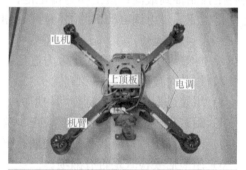

图 2-11　上顶板俯视图

图 2-12　上顶板侧视图

9. 安装螺旋桨

安装螺旋桨，如图 2-13 所示。

图 2-13　安装螺旋桨

10．360 多旋翼无人机的调试

1）将飞控连接计算机，选择正确的 COM 端口和波特率，单击"连接"按钮将飞控与调参软件连接。

2）设置。查看无人机姿态是否与实际一致。

3）端口。UART6 端口中接收机选项打开，单击右下角的"保存并重启"按钮。

4）配置。飞行器类型选择 Quard X，电调协议选择 DSHOT600 并打开解锁时电机不会旋转，接收机选择"串行数字接收机""SBUS"。

5）接收机。查看接收机各通道是否正确。

6）PID 微调。

7）模式设置。ARM 设置一个通道，在 ANGLE 自稳模式中选择 AIR MODE 空中模式。

8）电机调试。确保电机为无桨状态，选择"我已明白风险，并已经移除所有螺旋桨"，再将主控制推到最高；接上动力蓄电池，等电调提示音结束，把"控制"拉到最低，确认电调自检完成，电调电动机的油门行程校准完成。

11．维修维护

1）拆装维护时要注意防止用力过猛。

2）组装时按照顺序进行组装。

3）组装过程中紧固螺钉要均匀用力，防止用力过猛或过轻。

4）组装完成，调试前要按照检查步骤检查部附件的紧固性。

5）组装完毕后，电线、电调要捆扎牢靠。

6）组装后要检查是否有漏项。

7）电机正 / 反转安装正确，不正确要进行调试。

8）上电前要检查各系统的安全性。

9）焊接接头防止虚焊。

10）线路连接正确、牢靠。

11）部件固定牢靠。

12）测试时注意无人机与人员之间的距离。

13）飞行测试要全面。

14）飞行测试注意人员与无人机安全。

12．培训标准

维护 360 多旋翼无人机培训标准，见表 2-2。

表 2-2　维护 360 多旋翼无人机培训标准

序　号	培 训 项 目	培 训 标 准
1	工具、设备使用	能够正确准备、使用工具和设备
2	部附件	能够识读、检测部附件。部附件完好
3	安装	能够按照顺序安装蓄电池舱、脚架、上顶板支柱、焊接电源线、电机、上顶板及飞控、螺旋桨。焊接牢靠，无毛刺；飞控安装，箭头方向与机头方向一致；电调、GPS 安装连接正确；螺旋桨安装正确，紧固性检查，无松动
4	调试	能够按照程序调试组装好的无人机。正确选择 COM 端口和波特率，接收机各通道设置正确，PID 微调正确，模式设置正确，电机转向调试，转速调试正确
5	维修维护	能够使用工具、设备按步骤进行无人机的整机检查 焊接无虚焊、桥接；调试前要按照检查步骤检查部附件的紧固性，无松动；调试时 UART1 端口没有关闭；调试发动机一定要拆桨；线路连接正确

任务3　维护450多旋翼无人机

学习目标

通过练习450多旋翼无人机组装、调试、维护工作,培养学生独立进行450型飞机组装、调试、维护的能力。

任务情境

某公司接到40台450多旋翼无人机的订单生产任务,根据生产任务书的要求,领取生产工具、零部件,在生产车间按照工艺流程装配无人机,并对装配好的无人机进行调试,调试完毕后根据维护检查要求进行维护检查,没有问题后就可以装箱等待发货了。在实训教师的指导下练习450多旋翼无人机的装配、调试及维护检查工作。

任务要求

1. 知识要求

(1)掌握450多旋翼无人机的组装方法。

(2)掌握450多旋翼无人机组装的注意事项。

(3)掌握450多旋翼无人机的调试方法。

2. 技能要求

(1)能够按照程序组装450多旋翼无人机。

(2)能够利用调试软件调试组装好的450多旋翼无人机。

任务分析

使用工具设备,将部附件组装成一架完整的450多旋翼无人机,使用调试工具对450多旋翼无人机进行调试,并能够依据检查步骤对450多旋翼无人机进行检查维护。

任务实施

1. 450多旋翼无人机的组成部件

组装450多旋翼无人机的部件包括机架、飞控、电调、电机、蓄电池、螺旋桨,如图2-14所示。

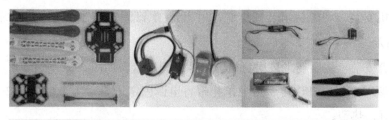

图2-14　450多旋翼无人机配件

2．工具准备

（1）焊接工具　电烙铁、焊锡丝、镊子、钳子、热缩管、电工胶布。

（2）组装工具　内六角螺钉旋具、美工刀、3M 双面胶、502 胶水。

3．组装

（1）预焊分电板　下中心板（分电板预焊处理，如图 2-15 所示。下中心板同时兼任分电板，均标注有正 / 负极，将下中心板的焊点用焊锡上满，备用。

（2）电调焊接　将电调的正负极依次焊到下中心板上。标准无虚焊、牢靠，如图 2-16 所示。

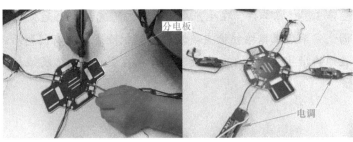

图 2-15　预焊分电板　　　　　　　　图 2-16　电调焊接

（3）飞控固定　将飞控用双面胶粘于下中心板中心，且飞控上所标的机头方向要与中心板机头方向一致，飞控也要与下中心板平行，如图 2-17 所示。

标准为箭头与机头方向一致、与中心板平行、黏贴牢靠。

（4）电机香蕉插头焊接　标准为焊锡无虚焊，焊接牢靠；用热塑管将香蕉插头保护好，如图 2-18 所示。

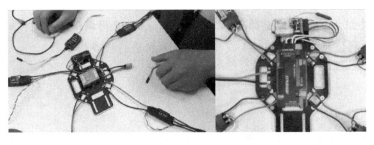

图 2-17　飞控的固定　　　　　　　　图 2-18　焊电机香蕉插头

（5）电机安装　将电机组装到机臂，用 3mm 螺钉固定。标准为固定牢靠、无松动，如图 2-19 所示。

（6）机臂安装　按照要求依次将机臂用螺钉固定紧，如图 2-20 所示。

（7）电调固定与电机连接　用尼龙扎带将电调固定于机臂下方，如图 2-21 所示。标准为电调完好，热塑。

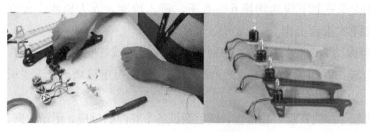

图 2-19　电机安装到机臂上

图 2-20　固定机臂

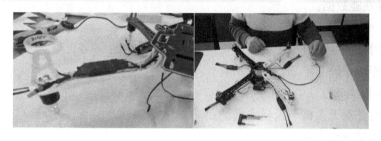

图 2-21　电调固定与电机连接

（8）安装　安装上中心板、GPS 支架，如图 2-22 所示。标准为固定牢靠，受力均匀。

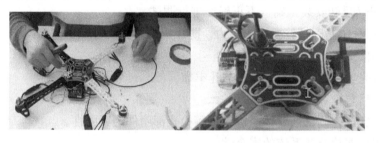

图 2-22　上中心板与 GPS 支架的安装

4．450 多旋翼无人机的调试

（1）无人机检查　GPS 与飞控安装方向、各部位的连接、电路、蓄电池电量、飞机重心、电机转向、螺旋桨检查等。

（2）遥控器检查　遥控器电量、模型、通道映射逻辑、参数、与接收机之间的通信检查，所有拨杆关闭。

（3）环境选择　勿在大风、潮湿、雨雪、寒冷、暴热以及低气压等极端天气环境下测试。

（4）区域选择　在无人、空旷、合法、无电磁干扰的区域下测试。

（5）测试前准备　飞机放置 15m 开外，先开遥控器，再飞机上电，观察 LED 灯等待飞机自检完成。

（6）飞行测试　飞机组装完成后需要测试飞机的飞行性能，包括飞机的稳定性、舵面逻辑、加速性、减速性、航时、速度等。

1) 磁罗盘校准。模式切换开关上下快速切换 6 ～ 8 下，进入校准，无人机水平校准完成后，进行垂直校准，校准完成重新上电。

2) 测试逻辑。解锁电机后保持 20% 左右油门，分别使用遥控器测试各舵面逻辑，（在电机外壳侧面贴美纹纸或白色胶布，可判断出转速的增减情况）仔细听电机增 / 减速逻辑是否正确。

3) 测试稳定性。起飞先找悬停，观察悬停稳定性，然后测试各个舵面的反应，记录数据。

4) 测试其他飞行数据。包括航时、飞行速度、上升速度、下降速度、抗风能力、耐高温、耐低温等性能数据。

5. 维修维护

1) 组装时按照顺序进行组装。

2) 线路连接正确、牢靠。

3) 部件固定牢靠。

4) 测试时注意无人机与人员之间的距离。

5) 飞行测试，要全面。

6) 飞行测试注意人员与无人机安全。

7) 拆装维护时要注意防止用力过猛。

8) 电机正 / 反转安装正确，不正确要进行调试。

9) 组装过程中紧固螺钉要均匀用力，防止用力过猛或过轻。

10) 焊接接头防止虚焊。

11) 组装完毕后，电线、电调要捆扎牢靠。

12) 组装后要检查是否有漏项。

13) 组装完成，调试前要按照检查步骤检查部附件的紧固性。

14) 上电前要检查各系统的安全性。

6. 培训标准

维护 450 多旋翼无人机培训标准，见表 2-3。

表 2-3　维护 450 多旋翼无人机培训标准

序　号	培训项目	培训标准
1	工具、设备使用	能够正确使用工具、设备。完好，无损伤
2	部附件	能够识别部附件，能够进行部附件的检测。部件完好，无缺陷
3	组装	能够使用工具、设备，将部附件组装成一架完好的无人机。焊接，无虚焊、无毛刺；飞控安装，箭头方向与机头方向一致；电调、GPS 安装连接正确；螺旋桨安装正确；部附件紧固性检查，牢固
4	调试	能够按照程序调试无人机重心、调试遥控器和磁罗盘校准。蓄电池电量满足调试要求，飞机重心调试正确，遥控器通道设置正确，飞控参数 PID 调试正确
5	测试	能够准备测试区域，利用测试工具设备进行无人机性能测试 测试环境，测试区域，符合空管要求；无人机自检，通过；测试人员在安全距离内
6	维修维护	能够按照程序进行无人机整机维保。焊接，无虚焊、桥接；调试无人机一定要拆除螺旋桨；调试前要按照检查步骤检查部附件的紧固性，无松动；上电前要检查各系统的安全性，确保安全；调试前检查线路连接正确

任务 4 维护 S1000 多旋翼无人机

学习目标

通过练习 S1000 多旋翼无人机的组装、调试、维护不同阶段的工作，培养学生独立进行 S1000 多旋翼无人机组装、调试、维护的能力，养成按序工作、按章工作、按规调试与维护的工作精神。

任务情境

某公司新购买 20 台 S1000 多旋翼无人机。收到货后，需要根据随货说明书，利用随箱工具，将起落架、机臂、飞控、IMU、PMU、A2 飞控、GPS、LED 灯等安装在机体上，连接好电源线和信号线，并对连接好的无人机按照调试程序进行调试，调试正确后，按照检查步骤进行维护性检查。在实训教师的指导下，练习 S1000 多旋翼无人机的装配、调试及维保等操作技能。

任务要求

1. 知识要求

（1）掌握 S1000 多旋翼无人机的组装方法。

（2）掌握 S1000 多旋翼无人机组装的注意事项。

（3）掌握 S1000 多旋翼无人机的调试方法

2. 技能要求

（1）能够按照程序组装 S1000 多旋翼无人机。

（2）能够利用调试软件调试组装好的 S1000 多旋翼无人机。

（3）能够按照检查路线检查维护 S1000 多旋翼无人机。

任务分析

根据生产任务进行 S1000 多旋翼无人机的组装、S1000 多旋翼无人机的调试、S1000 多旋翼无人机的检修与维护。

任务实施

1. 工具准备

内六角扳手一套、斜口钳、剪刀、螺钉胶、3M 胶带、尼龙扎带，如图 2-23 所示。

图 2-23 工具

2. 组装

S1000是一款专业级的航拍飞行器,具有便携易用,稳定高效等特点。此次装机的装备包括S1000多旋翼无人机(八旋翼飞行平台)、A2飞控、Futaba14SG(对应的接收机),如图2-24所示。

(1)安装起落架

1)将起落架支撑管安装到起落架底管中,拧紧M2.5×8(圆柱头)螺钉并保证装紧起落架底管硅胶套,如图2-25所示。

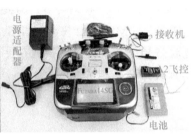

图2-24 DJI-S1000和遥控器　　　　图2-25 支撑管和底管的安装

2)将起落架支撑管插入中心架的连接件中,拧紧M3×8螺钉,并确保两边都挂上弹簧(弹簧原始长度58.5mm,安装完成后70mm),如图2-26所示。

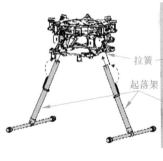

图2-26 中心架与起落架的安装

(2)安装机臂

1)检查机臂。确保螺旋桨没有裂痕,桨盖上螺钉安装稳固;确保电机安装稳固,转动顺畅;将带红色桨盖的机臂安装在M1和M2,作为飞行器机头朝向;识别螺旋桨和机臂上CW和CCW标记,带CCW标记的安装在中心架M1/M3/M5/M7位置,带CW标记的安装在中心架M2/M4/M6/M8位置,如图2-27所示。

2)将机臂插入中心架上,调整位置,使机臂螺钉安装孔对准中心架上的螺钉安装孔,从右往左拧紧机臂螺钉(M4×35),如图2-28所示。

注意：由于只有左侧的安装孔有螺纹，因此要求从右往左插入螺钉并使用适当力度拧紧，拧得过紧会导致机臂折叠时磨损连接件。

3）从下往上牵引机臂，拧紧中心架上的旋转卡扣，如图2-29所示。使用过程中如果需要放下机臂，先松开卡扣，再将机臂折叠向下即可。

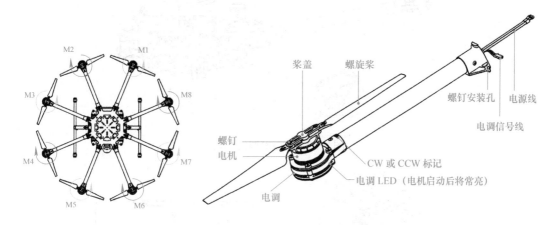

图2-27 检查机臂

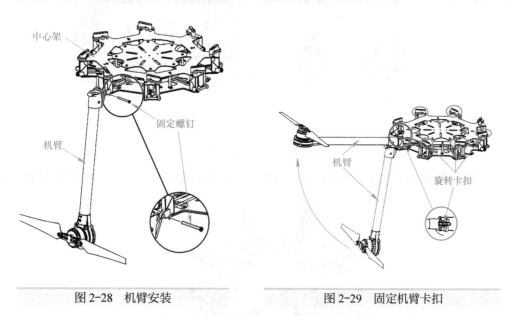

图2-28 机臂安装　　　　　　图2-29 固定机臂卡扣

4）移除中心板上盖的八颗固定螺钉（M2.5×8圆柱头）和中心板盖，然后移除中心板绝缘盖板的四颗螺钉（M3×8自攻，位于中心板底板）和绝缘盖板，以便连接电调信号线和电源线。将机臂电调的信号线连接到中心架，如图2-30所示。

5）将机臂的电源线连接到中心架。需将电源线的两个接口分别接到中心架相邻的两处接口，红色为正极，黑色为负极。为了防止脱落，将连接螺钉旋紧后继续旋转一定角度，与接线座平行，如图2-31所示。

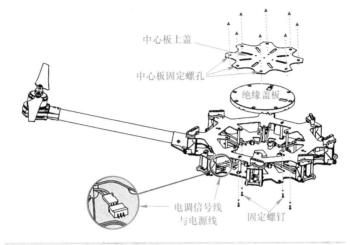

图 2-30　连接电调信号线

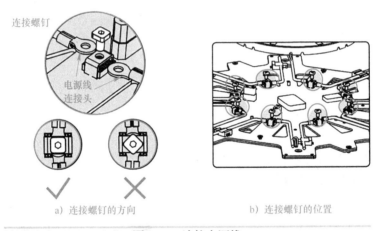

a）连接螺钉的方向　　　　b）连接螺钉的位置

图 2-31　连接电源线

6）检查每个机臂的电源线和电调信号线，确保正确连接到底板上，如图 2-32 所示。

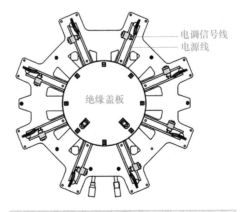

图 2-32　检查电源线和电调信号线的连接

7）首先重新安装中心板绝缘盖板，并拧紧四颗螺钉（M3×8 自攻）；然后重新安装中心板上盖，并拧紧八颗螺钉（M2.5×8 圆柱头），如图 2-33 所示。

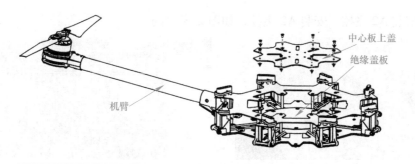

图 2-33 安装绝缘盖板和中心板

8）检查机臂安装，机臂 M1 和 M2 为机头，M5 和 M6 为机尾。从顶部看，M1、M3、M5 和 M7 连接的电机逆时针运转，M2、M4、M6 和 M8 连接的电机顺时针运转，如图 2-34 所示。

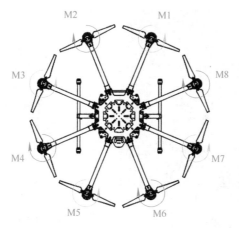

图 2-34 检查机臂安装与电机

（3）安装飞控并完成连线

（4）安装 IMU 安装 IMU 到机架，确保 IMU 箭头与飞行器机头朝向保持一致，如图 2-35 所示。

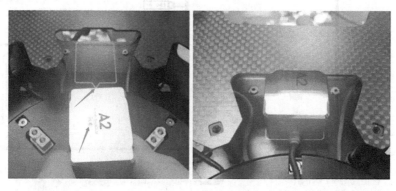

图 2-35 安装 IMU

（5）安装 PMU 安装 PMU 到机架，如图 2-36 所示。

（6）安装 A2 飞控　安装 A2 飞控，如图 2-37 所示。

图 2-36　PMU 的安装　　　　　　　　图 2-37　安装 A2 飞控

（7）安装 GPS　安装 GPS，确保 GPS 指向飞行器的机头位置，如图 2-38 所示。

（8）安装 LED 灯　安装 LED 灯的位置，能确保对尾飞行时能看到 LED 灯的状态，安装 LED 灯，如图 2-39 所示。

图 2-38　安装 GPS　　　　　　　　　图 2-39　安装 LED 灯

（9）连线　A2 飞控部件的位置固定好之后，按图 2-40 完成飞控的连线。

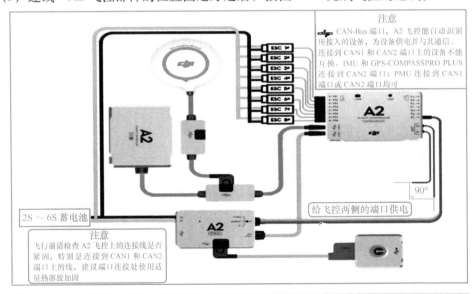

图 2-40　A2 飞控的连线

1）飞控与中心架的接线。一端接头连接到中心架电调信号插座（M1 ～ M8），另一端接头连接到飞控（M1 ～ M8），注意不要插反。飞控与中心架的接线，如图 2-41 所示。

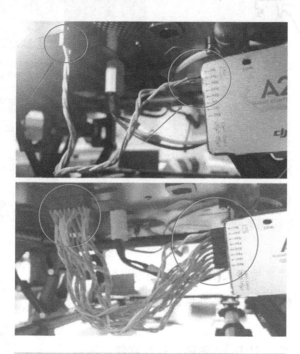

图 2-41　飞控与中心架的接线

2）主控器与起落架的连线。连接左舵机（M3 与 M4 之间）自带的连线到起落架控制板的"L"接口；连接右舵机（M7 与 M8 之间）自带的连线到起落架控制板的"R"接口；使用舵机线连接主控器"F1"端口到起落架控制板的"IN"端口，如图 2-42 所示。

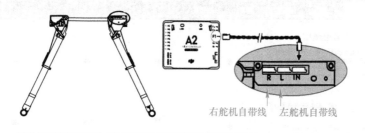

图 2-42　起落架与主控器的连线

3）中心架 XT60 的接线。中心架 XT60 的接线，连接 PMU 的电源线到中心架的底板朝上的一路 XT60 接口，如图 2-43 所示。

4）连接接收机。将接收机连接到 A2 飞控上，固定在飞机尾部，如图 2-44 所示。

打开准备好的遥控器，找到关联菜单里的"SYSTEM"，进入选项卡，单击"LINK"，给无人机上动力电，当接收机上面的指示灯变为绿色说明对频成功。对频成功之后断开动力电，飞控的安装到这里就完成了，接下来就可以进行飞控的调参。

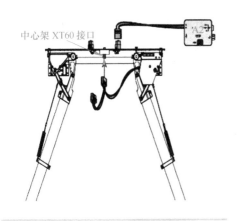

中心架 XT60 接口

图 2-43　中心架 XT60 的接线

图 2-44　连接接收机

3. S1000多旋翼无人机的调试

A2 飞控安装好之后需要进行调试，保证飞行器能够安全稳定飞行。

（1）下载调参软件　搜索大疆的官网，找到 A2 飞控对应的调参软件，下载好之后安装到自己的计算机上，如图 2-45 所示。

（2）打开调试软件　双击 A2 图标，打开软件。进入界面，如图 2-46 所示。

图 2-45　安装 A2 飞控调参软件

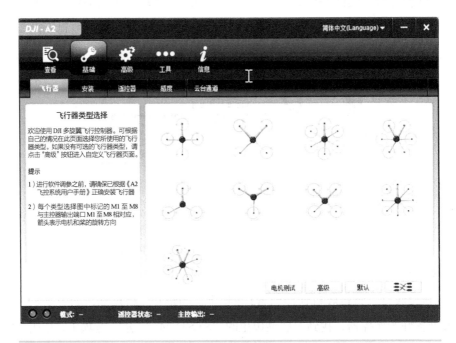

图 2-46　调参界面

1）信息。单击"信息"按钮，查看当前用户信息和版本号。

2）工具。单击"工具"按钮，再单击"恢复默认设置"按钮。查看固件信息以及是否需要升级固件。

3）基础。单击"基础"按钮，分别可以设置飞行器、安装、遥控器、感度、云台通道。

4）查看。单击"查看"按钮，检查所有基础设置项。

5）指示灯。当飞控与软件连接后，指示灯闪烁。

6）模式。显示飞行器飞行模式（如 GPS 模式、姿态模式等）。

7）遥控器状态。显示遥控器与接收机的连接状态。

（3）去桨、上电、连线　为了安全起见，飞行器上电之前需要把所有螺旋桨拆除，打开遥控器，然后给飞行器上动力电。用数据线将飞行器与计算机连接起来，如图 2-47 所示。

图 2-47　连接飞行器和计算机

（4）进入调试页面　连接上之后双击调参软件图标进入界面，绿灯常亮说明连接成功，蓝灯闪烁说明遥控器连接正常。

1）机架构型选择。选择"基础"→"飞行器"，选择飞行器类型（根据自己的飞行器结构选择），A2 飞控会根据选择的类型来进行电机顺序的分配，总共默认的机架构型有九种，如图 2-48 所示。

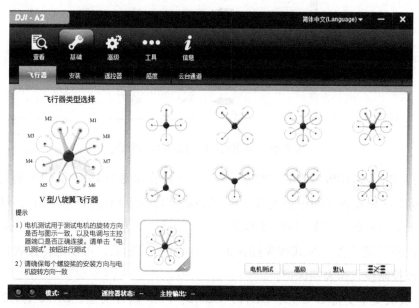

图 2-48　选择飞行器类型

2）电机测试。选择好机架构型后，单击"电机测试"按钮，进入界面（见图2-49），检查每一个电机的转向是否符合逻辑，电机是否有异常。如有异常请检查飞控与电调的连线。

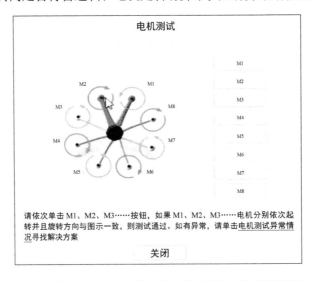

图2-49　测试电机

3）自定义选择。超出常规九种类型外的非常规布局，可以在高级自定义中为每个电机分配顺序和设置不同动作下的转速，如图2-50所示。

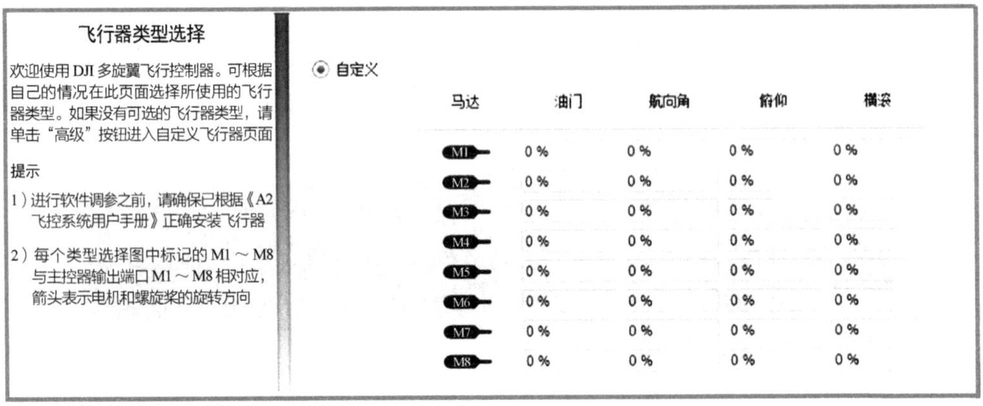

图2-50　非常规布局机架参数的设置

4）校正IMU和GPS。单击"安装"标签，它的作用是当IMU和GPS的安装位置不在飞行器重心时，在该界面中填入X、Y、Z轴的实际偏差值进行虚拟校正，红线方向填入正数，绿线方向填入负数。IMU方向选择第一个沿机头方向，如图2-51所示。

（5）设置U通道控制模式和失控保护　单击遥控器标签，可以选择接收机的类型，设置U通道控制模式和失控保护。

1）接收机类型支持D-BUS、DR16、DSM2、PPM四种类型，DR16为A2飞控内置接收机。这里选择D-BUS模式，如图2-52所示。

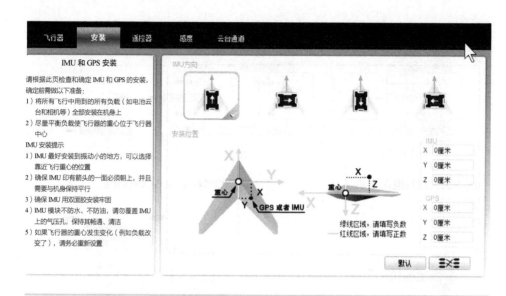

图 2-51　GPS 和 IMU 方向位置信息的设定

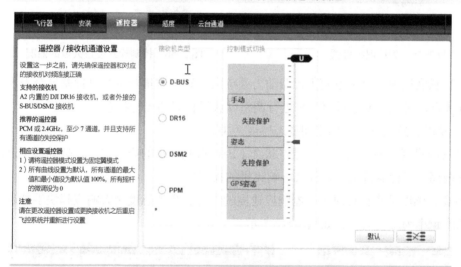

图 2-52　选择接收机类型

2）给遥控器上电，在遥控器上设置一个三位开关作为控制模式开关，其中两个档位默认为 GPS 和姿态模式，还有一个档位可以设置成姿态或手动模式（见图 2-53）。初学者请勿使用手动模式。

3）拨动控制模式开关到三个不同的档位使其分别显示三个不同的控制模式，如图 2-54 所示。

4）关闭遥控器，调参软件中的光标将指向控制模式区域外的任一区域表示失控保护状态，如图 2-55 所示。

5）以上设置均成功则表示控制模式设置成功。如果在 3）中出现如图 2-56 所示情况，光标没有准确地指向对应的控制模式区域，则表示开关设置不成功，需要在遥控器中设置 Endpoint 和 Failsafe 选项，使光标能准确地指向相应的控制模式并且控制模式区域变蓝。

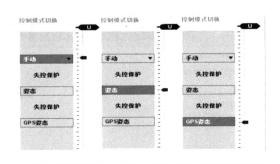

图 2-53 控制模式设定　　　　　　图 2-54 控制模式的切换

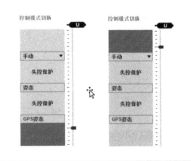

图 2-55 失控保护设置　　　　　　图 2-56 控制模式设置失败的情况

（6）感度选项　由于不同飞行器动力系统的差异，质量及重心位置差异会表现出不同的飞行状态，所以需要通过感度来进行调整以获得良好的飞行状态。

1）感度。感度有基础感度和姿态感度两类。

①基础感度指的是飞行器在悬停状态下进行自我修正的修正力度，基础感度过高会导致系统振荡，飞行器抖动，过低会影响飞机的稳定性。

②姿态感度是指打杆时飞行器响应速度的快慢，姿态感度越大响应越快手感越僵硬，姿态感度越小手感越柔和，如图 2-57 所示。

图 2-57 感度的设置

2）高级感度参数设置。A2飞控没有最大角速度的调整，高级感度参数（见图2-58）不建议初学者进行调整，仅适用于特殊飞行和高级玩家优化飞行性能。

图2-58　高级感度参数的设置

（7）电机怠速设置　高级选项卡中电机选项卡的作用是设置电机起动时的怠速速度。怠速速度过低将会导致解锁电机不转动，怠速速度过高会导致解锁飞行器直接起飞，建议选择"推荐"，如图2-59所示。

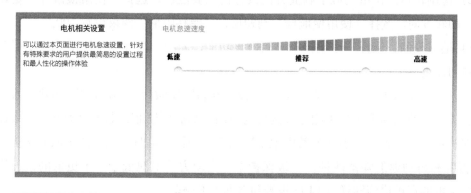

图2-59　电机怠速的设置

（8）失控保护设置　失控保护作用是当飞行器上行链路中断，即遥控器丢失信号时，飞控指挥飞机作出的应急措施，包括悬停和返航降落两种。返航高度可以自己定义；返航机头朝向是当返航激活时，飞行器是倒车返航还是直行返航；返航开关是可以通过分配的返航通道开关来激活或暂停返航，如图2-60所示。

图2-60　失控保护的设置

（9）智能飞行模式设置　智能方向控制（IOC）可以设置智能飞行模式（见图2-61）。

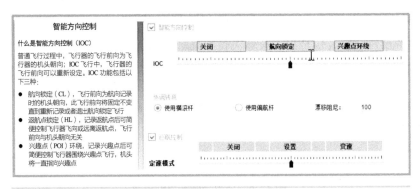

图 2-61　智能飞行模式的设置

1）智能方向控制。可以分配通道，通过通道开关来激活或关闭航向锁定兴趣点（POI）环绕功能。

2）协调转弯。作用类似于副翼方向或方向副翼混控，选择"使用横滚杆"是在打副翼时自动转方向，选择"使用偏航杆"则相反，"漂移阻尼"建议设置 100。

3）巡航控制。选择"巡航控制"启用该功能，分配三段开关来激活或关闭巡航控制以得到匀速飞行。

打开"电压保护"（见图 2-62），选择"开启"以激活该功能，X1 必须接入，如果调参软件显示的当前电压与用测电计测得的不同，则需要校准。电压保护分为一级保护和二级保护：一级保护下，当动力蓄电池电压低于一个预设值时，飞行器采取的保护措施有 LED 报警和自动返航降落两种；二级保护下，当动力蓄电池低于一个更低的预设值时，飞行器采取的保护措施同样有 LED 报警和自动返航降落。

图 2-62　保护电压的设置

（10）飞行限制　飞行限制即电子围栏，如图 2-63 所示。勾起限制飞行的高度和距离，选择"开启返航点保护"，飞机将不能飞入以返航点为中心的预设半径范围内，可以分配通道开关，打开或关闭该功能。

（11）打开起落架

1）智能起落架开启。单击右下角"通道映射"（见图 2-64），为起落架映射一个通道，例如通道 5。

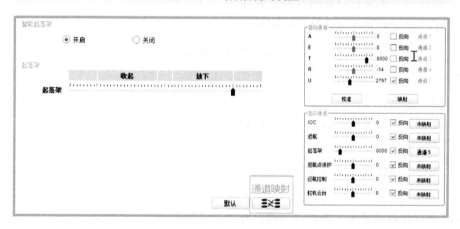

图 2-63 飞行限制的设置

图 2-64 起落架映射通道

2）遥控器双击"RTN"选项，选择"FUNCTION"，找到对应的 5 通道，映射一个对应的按键，对应按键就可以控制起落架，如图 2-65 所示。

到此，A2 飞控的调参基本上完成，可以给飞机断电，装上螺旋桨之后，将飞机搬到开阔地，上动力电，校准

图 2-65 遥控器设置控制起落架

地磁，完成后可以试飞（为安全起见可以将飞机拴在试车台上或用保险绳将飞机固定在地钉上），起飞后先试试舵，确定悬停没有问题再进行大动作拉距测试，测试中如果发现飞机有问题，再排查分析原因，重新调参再试飞，直到飞机可以自如稳定地飞行。

4．维修维护

1）安装 GPS 时，务必使用支杆安装，以避免中心架电源板干扰其正常工作。

2）安装 IMU 时，确保 IMU 箭头朝向与机头方向一致。

3）建议接收机天线朝下且无遮挡，避免因为遮挡丢失信号，引发失控。

4）务必对应安装机臂。机臂 CCW 对应中心架 M1、M3、M5、M7，机臂 CW 对应

中心架 M2、M4、M6、M8。

5）请不要轻易拧下安装的螺钉（已打螺钉胶），避免造成损坏。

6）测试起落架或校准起落架舵机行程时，S1000 多旋翼无人机必须悬空。

7）调试之前一定要拆除所有螺旋桨，确保安全。

8）使用调参软件配置飞控系统时，确保调参软件版本与飞控固件版本一致，若不匹配将无法完成调参。

9）指南针校准时，请勿在强磁场区进行校准，如磁矿、停车场、带有地下钢筋的建筑区域等。

10）S-BUS 用户需要注意。无须设置遥控端的失控保护功能，一旦遥控器与接收机信号中断，主控器将自动进入失控保护状态，根据主控器的设置进入返航或悬停模式。

11）按照检查步骤检查部附件的紧固性。

12）上电前要检查各系统的安全性。

13）紧固螺钉要均匀用力，防止用力过猛或过轻。

14）焊接接头无虚焊。

15）线路连接正确、牢靠。

16）测试时注意飞机与人员之间的距离。

17）飞行测试，要全面。

18）飞行测试注意人员与飞机安全。

5．培训标准

维护 S1000 多旋翼无人机培训标准，见表 2-4。

表 2-4 维护 S1000 多旋翼无人机培训标准

序 号	培 训 项 目	培 训 标 准
1	工具、设备使用	能够正确使用工具、设备。工具、设备完好；使用方法正确
2	部附件	能够识别部附件，检测部附件。识读正确，检测部附件，功能正常
3	组装	能够按照正确程序组装无人机。起落架安装牢固；机臂安装固定、正确、牢固；IMU、PMU、LED 灯安装，安装正确、牢固、接线正确；飞控安装，箭头方向指向机头方向，线路连接正确；电调、GPS 安装连接正确；螺旋桨安装正确；按步骤进行紧固性检查，牢固
4	调试	能够按照程序调试组装完成无人机。上电前桨叶去除，无桨调试；机架构型选择正确，测试电机，转速、转向测试正确；校正 IMU 和 GPS，符合飞行需要；设置 U 通道控制模式和失控保护，感度选项、电机怠速设置、失控保护设置、智能飞行模式设置，遥控器通道设置，参数设置正确；飞行限制及打开起落架选项卡选项正确；飞控参数 PID 调试正确
5	维修维护	能够按照程序测试、检查、组装、调试无人机。GPS 务必使用支杆安装，以避免中心架电源板干扰其正常工作。安装 IMU 时，确保 IMU 箭头朝向与机头方向一致。接收机天线朝下且无遮挡，避免遮挡丢失信号，引发失控。安装机臂时，CCW 对应中心架 M1、M3、M5、M7，机臂 CCW 对应中心架 M2、M4、M6、M8。测试起落架或校准起落架舵机行程时，S1000 必须悬空。按照检查步骤检查部附件的紧固性。上电前要检查各系统的安全性。焊接接头无虚焊。线路连接正确、牢靠。测试时注意飞行器与人员之间的距离。飞行测试，要全面。飞行测试注意人员与飞行器安全

维护典型
作业无人机

项目
3

本项目的主要内容是植保无人机飞行前后的主要工作、航拍无人机飞行前后的主要工作、航测无人机飞行前后的主要工作等内容。

任务1 维护植保无人机

学习目标

通过学习植保无人机作业前后不同阶段的工作，培养学生独立进行植保无人机组装、调试、维护、作业飞行前检查、作业飞行后检查的工作能力。

任务情境

某植保公司接到 10 000 亩（1 亩≈666.667m^2）棉花的病虫害防治任务，根据任务要求，飞行作业前，需要对无人机进行组装、调试，然后进行植保喷洒系统准备、作业环境检查、作业场地检查、植保控制系统检查、飞机各系统检查、作业路径规划；飞行作业中，每次作业完毕后的检查、维护、清洁；作业完毕后的飞机本身检查、清洁，植保作业设备的清洁、检查、拆卸，蓄电池的存放、保管、充电，无人机及植保设备的运输等工作。

任务要求

1. 知识要求

（1）掌握植保无人机的组装方法。

（2）掌握植保无人机组装的注意事项。

（3）掌握植保无人机的调试方法。

（4）掌握植保无人机环境检查的内容。

（5）掌握植保无人机飞行前检查注意事项。

（6）掌握场地检查和机身检查的内容。

（7）掌握植保无人机飞行后检查的内容。

（8）掌握植保无人机飞行后动力系统的检查方法。

（9）掌握植保无人机飞行后充电的方法。

（10）掌握喷洒设备检查、清洁的步骤。

（11）掌握植保无人机飞行后检查的注意事项。

2. 技能要求

（1）能够按照程序组装植保无人机。

（2）能够利用调试软件调试组装好的植保无人机。

（3）能够按照要求进行环境检查。

（4）能够按照要求进行场地检查。

（5）能够按照要求进行机身检查。

（6）能够按照要求进行飞行后检查。

（7）能够按照要求进行充电设备的检查。

（8）能够按照要求进行植保喷洒设备的检查。

任务分析

植保无人机作业前的工作是无人机的组装、调试、检修与维护、环境检查、无人机检查、喷洒系统检查，植保无人机作业后的工作是无人机的清洁、动力系统检查、充电设备检查、喷洒设备检查、无人机拆卸、无人机保管。

任务实施

1. 工具设备

（1）成品植保无人机组装常用工具 套装内六角螺钉旋具（内六角扳手）、尖嘴钳、特定的工具（L型内六角扳手、直柄内六角扳手）。

（2）生产植保无人机组装常用工具 烙铁、焊锡、焊台、辅助焊接夹具、热风枪、力矩扳手、套装内六角螺钉旋具（内六角扳手）、尖嘴钳、偏口钳、铆钉枪、万用表。

注意：不建议没有植保无人机从业经验的人员自行组装植保无人机。

2. 植保无人机组装、调试

（1）植保无人机的组成部件（以JF01-10无人机为例） 准备一架JF01-10型多旋翼植保无人机，如图3-1所示。

1）螺旋桨。螺旋桨为植保无人机提供空气动力。

2）压力喷头。压力喷头通过液压泵产生的压力，使药液通过喷嘴时在压力作用下分散成细小雾滴，雾滴粒径主要受喷嘴压力及孔径的影响。

3）机臂。机臂使用轻质、比强度高、抗疲劳能力强、抗振能力强的碳纤维复合材料，这种材料广泛应用于无人机外壳、机架、螺旋桨叶等结构。

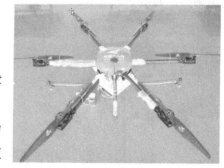

图3-1 JF01-10型多旋翼植保无人机

4）电机与电调。

①无刷电机。植保无人机主要以应用无刷电机为主。无刷电机的工作效率高，可靠性强，工作寿命长，维护简单，转速容易调节。它的一头固定在机臂的电机座上，一头固定在螺旋桨上，通过旋转产生向上的升力。

②电调。电调是指电子调速器，主要作用是将飞控的控制信号转变为电流，从而控制电机的转速。

5）机体中心板。飞控模块一般安装在机体中心板上，有通风孔散热效果好，拆装方便，便于维护，整体可防农药腐蚀。

6）水（药）箱。水（药）箱是植保无人机装载药液的容器，是喷洒系统的重要组成部分，由防腐蚀、耐酸碱的材料组成。

7）起落架。用于植保无人机起落支撑，配有减振件的起落架在起降时利于减振。

8）蓄电池盒。安放植保无人机的动力蓄电池。

9）水泵。喷洒系统组成部分，一般安装在药箱底部。

10）机臂折叠机构。因厂家机型而异，主要目的是方便组装运输。

（2）植保无人机组装的方法和程序　成品植保无人机如图3-2所示，其组装程序如下：

1）取出机体并将四个脚架安装到机体上。

2）安装好起落架后将四个机臂对号安装到机体，上紧固定卡扣螺钉。

3）展开机臂安装拧紧定位蝶形螺母，装好螺旋桨。

4）插好电源插头，盖好上盖即可工作。

注意：六个机臂确认展开到顶端位置，务必完全展开到位，保证锁死。

（3）植保无人机的调试

1）连接电台发射器。将电台发射器插入供电单元CAN6接口。

2）连接计算机。将带USB接口的电台接收器插入计算机。

3）打开遥控器。打开对应的飞机遥控器。

4）接通电源。接通锂离子电池电源。

5）查看LED灯信号。LED闪红灯开始自检，LED闪蓝灯自检完成正常，进行下一步调参，如图3-3所示。

红灯　蓝灯

图3-2　成品植保无人机　　　　　　　　　图3-3　自检指示灯

6）遥控器主页面设置。发射机电压实际值为3.96V，电压低位报警可设为3.7V；外部电压实际值为50.32V，其电压低位报警可设为43V；内部电压实际值为7.34V，电压低位报警可设为4V；信号强度实际值为10，低位报警可设为4。实际电压和强度显示值，如图3-4所示。

7）设置辅助通道。单击遥控器设置，进入"辅助通道"，从通道5开始设置，设置"通道5辅助1：SwD同上"，"通道6辅助2：SwA同下"，"通道7辅助3：旋钮VrB"；连接高压隔膜水泵T型接头，设置"通道8辅助4：SwF中间"；单击向上看试高压隔膜水泵是否工作，设置"通道9辅助5：SwH同上。辅助通道设置如图3-5所示。

图 3-4　遥控器主页面设置

图 3-5　辅助通道设置

8）设置 IMU 参数。在计算机中打开 Finix AssistantMP V2.0.0 软件，单击左下角"打开"，然后单击"获取"按钮可以读取当前飞机的各类信息，设置 IMU 位置为（0，0，0），GPS 位置为（-17，0，-33），单击"更新"按钮完成工作，将坐标任意数值更改，再单击"获取"按钮，获取值为设置值即可，如图 3-6 所示。

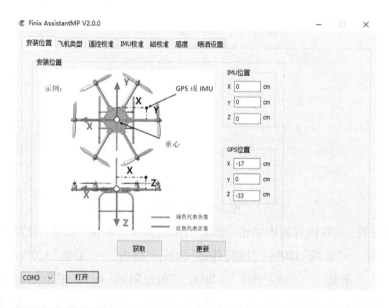

图 3-6　位置信息设置

9）设置飞机类型。单击"飞机类型"标签，单击"获取"，植保无人机应选择"V6"机型，其他参数不修改，单击"更新"按钮完成工作，任意改变飞机类型，再单击"获取"按钮，获取值仍为"V6"机型即可，如图 3-7 所示。

10）喷洒设置。单击"喷洒设置"标签，单击"获取"按钮，喷洒参数设置为"垄长"500m、"最大纵向速度"6m/s、"垄宽"3m、"最大侧向速度"3m/s，单击"更新"按钮完成，任意改变设置参数，再单击"获取"按钮，获取值为设置值即可，如图 3-8 所示。

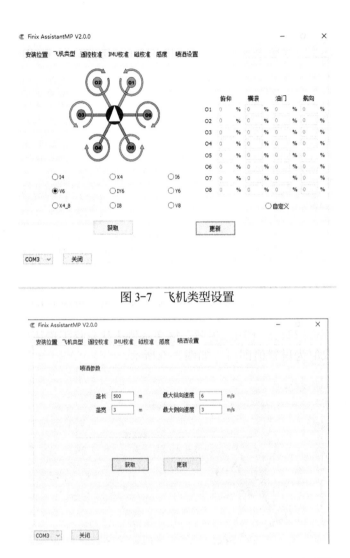

图 3-7　飞机类型设置

图 3-8　喷洒设置

11）感度设置。在软件界面中单击"感度"标签，单击"获取"按钮，设置"俯仰"→"基础" 80%，"俯仰"→"姿态" 120%，"横滚基础" 80%，"横滚"→"姿态" 120%，"俯仰"→"稳定感度" 120%、"横滚"→"稳定感度" 120%，"侧速限幅" 4m/s，获取值相同不用再设置，单击"更新"按钮，任意更改设置值，再单击"获取"设置值不变即可，如图 3-9 所示。

12）遥控校准。在软件界面中单击"遥控校准"标签（见图 3-10），再单击"使能配置"按钮。在遥控界面单击"最大舵量"，从通道 5 开始设置，进入通道 5，拨动 SwD 开关 2 号位置，单击"记忆微调"，将遥控器上"记忆微调通道 5"的数值调节至 +20%，返回主界面，进入系统将系统声音、报警声音、自动关机勾选返回，进入接收机设置，选择低信号报警，打开失控保护返回，进入通道 5，将 SwD 拨至 3 号，遥控器画面点到低端，将计算机中的 I5 数值调至 −345，进入失控保护页面，并显示"通道 5 辅助 1：−25%"（见图 3-11），返回主界面，再进入通道 5，拨动 SwD 开关，1 号高端调至 88%，低端调至 84%（见图 3-12），返回主页面，去掉遥控器中的蓄电池，观察计算机 I5 通道显示 −345，再安装遥控器蓄电池并打开遥控器。

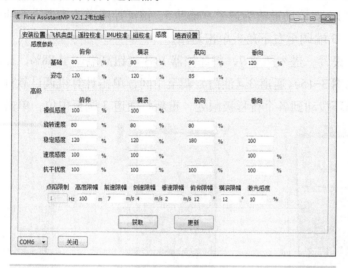

图 3-9　感度设置

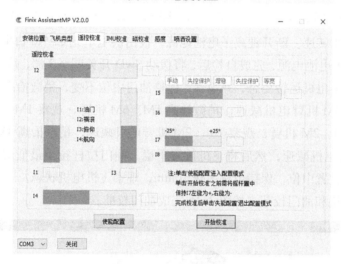

图 3-10　遥控校准

图 3-11　失控保护设置

图 3-12　舵机行程设置

13）通道 6 设置。进入通道 6，遥控器拨动 SwA 开关，遥控器高端调至 88%，低端调至 80%，如图 3-13 所示。返回到主界面，单击"线性混控"进入混控 1，如图 3-14 所示，混控通道改为通道 9 辅助 5，被混控通道改为通道 6 辅助 2，单击返回，再进入曲线混控先开启混控 1，混控通道改为通道 9 辅助 5，被混控通道改为通道 6 辅助 2，单击曲线，低端调至 100%，3 端调至右下角，单击返回。

14）通道 7 设置。进入通道 7，将遥控器 VrB 旋钮高端调至 88%，低端调至 80%，进入显示舵机（如图 3-15）通道 3（油门）调至中间，单击计算机调试软件"开始校准"，将遥控器拨杆循环拨动到各个行程极限处，重新将通道 3 调至中位，单击"完成校核"。

图 3-13　通道 6 参数　　　　图 3-14　混控 1 参数　　　　图 3-15　显示舵机状态参数

15）测试电机转速。断开锂离子电池电源，拔出供电单元 CAN6 口电台，将飞机机臂展开，接通锂离子电池电源，完成自检后，将拨动 SwD 开关调至 3 端，站在机尾起动飞机，操作测试飞机各个电机运转姿态，并观察，保持油门中位不变，稍微抬高 2M、4M 机臂，观察 2M、3M、4M 机臂电机减速，稍微抬高 1M、6M 机臂，观察 1M、5M、6M 电机减速，稍微抬高 1M、2M 机臂，观察 1M、2M 机臂电机减速，稍微抬高 3M、4M 机臂，观察 3M、4M 机臂电机减速，然后将飞机放置平稳，油门拉杆拉至最低端关闭飞机，重新起动飞机，油门放置中位，保持电机工作 10min，观察飞机电机状态。

16）线路连接和油门校准。按图 3-16 完成油门校准。

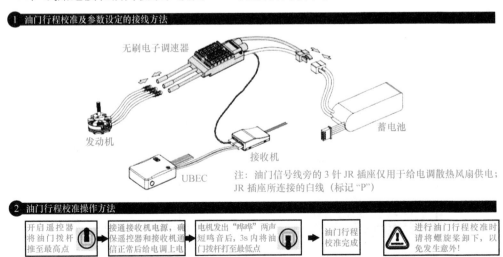

图 3-16　油门校准

注意：油门行程校准完成后，接收机模式调到 D 模式，接收机断电重新上电后对频。

17）遥控器命令杆校准。主控上电，连接计算机调参软件，选择"基础"→"遥控器"，单击"开始"按钮，推动所有通道的拨杆到最大工作范围并重复几次。完成操作后，单击"完成"按钮，如图 3-17 所示。

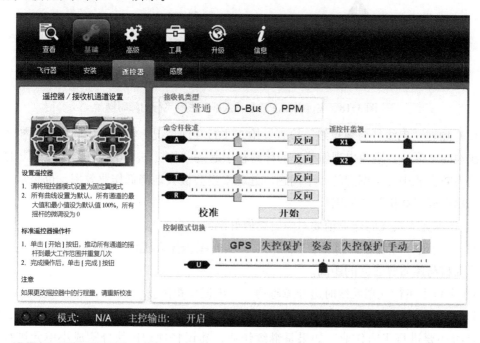

图 3-17　命令杆校准

注意：导入数据后用计算机调参软件检查各项数据是否正确。

（4）组装调试的维护注意事项

1）机体和机臂各组件的连接和紧固。主控盒安装完成后，检查机体全部螺钉是否拧紧。机臂组装首先检查电机座和电机安装是否牢固，然后把喷头和水管安装好（螺纹接口注意缠生胶带）。

2）电机转向的调整和螺旋桨、水桶的安装。

① 电机转向和螺旋桨。将机臂安装到机体上，上电解锁，观察调整电机转向与厂家要求是否一致。待电机转向无误后，断电安装螺旋桨，正 / 反桨的安装要与机臂对应（根据厂家机型要求）。

② 水桶安装。根据机体盖预留孔将水桶安装在机体底部，安装前注意连接好水管和电线，安装连接件底部螺栓时注意加装橡胶垫避免螺栓损伤水桶。

注意：待以上步骤完成，固定好 GPS 和 LED 信号灯，上电完成磁罗盘校准后方可掰杆起飞。

3. 植保无人机飞行前检查

（1）飞行前环境安全检查

1）应当确认飞行地区是否处于禁飞区、限飞区，附近是否有机场，不要违反当地法律、法规，以免造成不必要的麻烦。

2）观察飞行环境，确保周边没有影响飞行安全的障碍物，如电线、高大建筑物、树木、信号发射塔以及人群等，如图 3-18 所示。

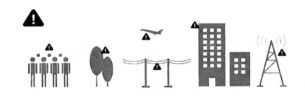

图 3-18　飞行需要注意避开人群及影响飞行的障碍物

（2）场地"电线杆与斜拉线"检查　检查飞行场地情况，将航线中间出现的树木或者物体在地面站标注。避免出现航线上的障碍物引起的"炸机"。"电线杆与斜拉线"是植保无人机飞防作业中经常遇到的一个问题，处理不当会极大地降低作业效率，也是常见的非技术问题造成"炸机"的原因。

1）植保无人机飞防作业前要对障碍物做好测绘。

2）手动飞行时最好有副飞手协助观察，实时报告无人机所在位置，协助主飞手判断植保无人机与障碍物之间的距离。

3）全自主飞行规划航线时避开障碍物，留出误差距离。

4）如果植保无人机飞防作业区域电线杆以及斜拉线比较多，摔机风险相对高，需要评估是否还要进行飞防作业。如果是继续作业，建议将规划田块分割成小单元进行植保作业。

5）高压线。高压线一般是电力输送的干线，本身也有很强的电磁干扰。植保无人机在飞防作业时切记不要靠近高压线，与高压线保持足够的安全距离，禁止驾驶植保无人机飞越高压线，防止撞击高压线路造成停电，带来重大损失。

6）树枝、房屋。出现在作业田块边界上的树枝房屋在航线规划时，要留出足够的安全距离（航线设置要相对收缩）。出现在作业田块上的树枝等障碍物，与电线杆与斜拉线等同处理。

注意：由于地球磁场分布不均匀或者作业地区含铁矿等原因，飞行前请使用地面站进行磁罗盘校准。

（3）机身检查　植保无人机属于精密器械，任何部件的微小变动都会影响其飞行状态。飞行前的机身检查有助于及时发现这些损坏保证飞行安全。机身检查（见图 3-19）应当至少检查以下项目：

1）检查无人机状态，有没有零部件缺失或松动。

2）检查桨叶安装情况，有没有方向错误和螺钉松动。

3）检查 GPS 固件的安装情况。

4）检查所有通电零件的线路，保证无异常。

图 3-19　机身检查

5）检查遥控器所有操控杆位置。

6）蓄电池安装是否牢固。

（4）无人机控制系统检查、校准　控制系统检查、校准主要有以下项目：

1）无人机蓄电池电量是否充足。

2）遥控器蓄电池电量是否充足。

3）所有设备通电，检查所有设备的反馈数据是否正常。

4）开启手机端地面站，连接无人机后对飞控数据进行检查确认。

5）遥控器解锁无人机，起动观察无人机飞行状态是否稳定。

目前多数无人机都配有手机端控制站APP，如图3-20所示。

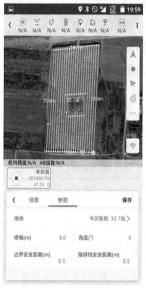 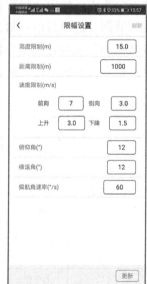 

图3-20　手机端控制站APP

（5）遥控器检查

1）检查发射机天线是否正常。

2）检查遥控器拨杆是否在零位（检查所有通道是否都在预置的位置）。

3）检查电源电压是否满电或满足飞行需要。

4）大部分市面上的植保无人机飞行前的检测无需工具，熟练操作后，5 ～ 10min 就能完成飞行前检测。

（6）起飞前飞机检查内容

1）GPS 卫星数满足安全飞行要求。

2）螺旋桨安装正确，固定桨叶的螺钉紧固。

3）电机底座牢固，机臂折叠处螺钉拧紧。

4）喷头畅通无阻塞。

5）蓄电池电压正常。

6）喷洒管路已排气。

7）地面站喷洒流量显示正常。

（7）工具备件准备

1）备用配件。螺旋桨两对、喷嘴两个、内六角螺钉若干。

2）其他。动力蓄电池充电平衡线延长线两根、电源线延长线两根。

（8）无人机检查标准

1）机臂检查时应确保机臂无破损，完全展开、螺钉紧固无松动。

2）螺旋桨检查时应确保螺旋桨正/反桨安装正确。

3）喷药软管检查应确保与各接头连接牢固，无滴漏，无堵塞，并排出空气。

4）蓄电池检查应确保蓄电池安装牢固，低电压报警机制正常。

5）药箱检查应确保药箱无破裂滴漏、药箱盖已拧紧、排气孔无堵塞。

6）确保磁罗盘已校准，GPS搜索到厂家规定的卫星数量。

7）遥控器解锁飞机，起动观察无人机的指示灯（见表3-1），正常闪烁后方可飞行。

表3-1　指示灯闪烁含义

LED 灯显示		飞行器姿态	状 态 说 明
绿灯慢闪	● ● ● ●	飞行控制模式	姿态模式飞行
绿灯慢闪	●● ● ●●		GPS 姿态模式飞行（信号良好）
绿灯慢闪	●● ● ●●		GPS 姿态模式飞行（信号欠佳/没有足够卫星数目）
绿灯三闪	●●● ●●●		GPS 航线模式
红灯慢闪	●● ● ●●		安全模式飞行
白灯双闪	●● 完成后正常	固件升级	正在升级（白灯双闪进入，升级不闪灯）
红灯常亮	━━━━━━	异常状态	上电后，飞控初始化未完成或自检未通过
红灯快闪	●●●●●●●		GPS 姿态模式下受到强磁干扰
黄灯快闪	●●●●●●●		GPS 姿态模式下受到弱磁干扰
紫灯快闪	●●●●●●●		飞控被格式化或参数异常
蓝灯快闪	●●●●●●●		动力系统检测异常
红灯三闪	●●● ●●●	低电压保护	每节蓄电池电压低于 3.7V 时，启动低电压报警一级保护

8）在每次飞行前都需要检查遥控器和接收机的蓄电池组。不要过分依赖遥控器的低压报警功能，低压报警功能主要是提示何时需要充电，没有电的情况下，会直接造成无人机失控。

9）当把遥控器放在地面上的时候，请注意平放而不要竖放。因为竖放时可能会被风吹倒，这就有可能造成油门杆被意外拉高，引起动力系统的运动，从而可能造成伤害。

4. 植保无人机飞行后检查

（1）植保无人机飞行后应做的工作内容

1）绕植保无人机一周，仔细检查是否存在脱落部件。

2）对机身、旋翼、起落架、喷洒系统等进行清理。

3）检查动力蓄电池的温度是否正常（不同作业季节会有偏差，可按产品指导手册进行）。

4）检查各电机温度是否正常（温度过高的往往是故障前兆）。

5）检查各主要部件的螺钉是否牢固（特别关注螺旋桨的紧固情况）。

6）检查活动部件晃动量是否过大。

7）检查机身是否有明显裂缝等。

8）检查电调散热孔是否阻塞。

（2）工具准备

1）清洁类工具。毛刷、镊子和吹风枪，如图 3-21 所示。

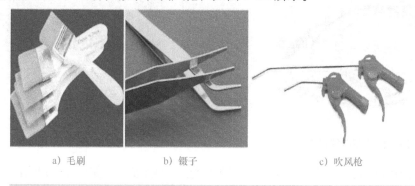

a）毛刷   b）镊子   c）吹风枪

图 3-21 清洁工具

2）螺钉紧固类工具。内六角扳手（用于内六角螺钉）、螺钉旋具（一字或十字螺钉旋具），如图 3-22 所示。

内六角扳手

十字螺钉旋具   一字螺钉旋具

图 3-22 紧固工具

（3）植保无人机动力系统检查 检查智能蓄电池、插头、电机应无损伤。

（4）蓄电池及充电线所用插头检查 检查蓄电池和充电线接头，如图 3-23 所示。应无烧黑炭化现象、如果炭化不严重，及时用棉签处理。若比较严重，必须联系生产售后部门进行更换。建议每次作业完成后检查。

插针   插座

护套   接触电阻 0.3Ω

图 3-23 检查蓄电池接口是否炭化

(5) 充电线的检查

1) 检查充电线是否有破损 (见图 3-24) , 这是唯一一条可以通过 220V 电压的电线, 所以使用前务必仔细检查。

2) 绝缘皮有无破损, 以防漏电伤人现象出现。若出现破损立即联系生产售后部门更换。

(6) 蓄电池电压的检查　每次充电完成和作业前后必须使用低压报警器检测蓄电池电压, 如图 3-25 所示。

图 3-24　检查充电线是否有破损

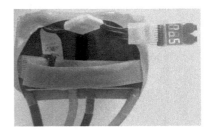

图 3-25　检查蓄电池电压

(7) 动力线检查　首先检查动力线与蓄电池连接的接头, 如图 3-26 所示, 有无因放电过热而导致的损坏, 如有则必须立即更换接头 (尤其注意 8806 黑色插头) 。其次检查护线胶圈 (见图 3-27) 有无丢失或破损。

图 3-26　检查动力蓄电池接头

图 3-27　检查护线胶圈

(8) 植保无人机喷洒系统检查

1) 检查和药液直接接触的喷洒系统, 包括药箱、管路、隔膜泵、喷头、喷嘴等。

2) 清洁。用清水将喷洒系统中的药液冲刷干净直到清水流出, 在清水中用毛刷刷洗喷嘴。

注意: 喷洒有吸附性的除草剂、生长调节剂时, 要用含有清洗剂的温水浸泡和反复清洗。

3) 水泵及附近连接处检查。首先检查水泵是否正常工作, 进出水是否正常, 如无法正常工作必须及时更换。其次检查出水口转接头 (见图 3-28) 有无漏水, 漏水会影响到水压, 影响喷洒效果。

(9) 喷头检查　首先检查喷嘴安装是否端正, 喷头耳朵 (绿色) 要保持水平, 如果倾斜请及时调整。其次

图 3-28　检查出水口转接头是否漏水

检查喷头内部滤芯是否洁净，如有异物附着请及时清洗。最后检查喷嘴是否异常，如图3-29所示，如有堵塞，请及时清理，否则会严重影响雾化效果，喷出的扇形不完整。

（10）药桶盖上的通气孔检查　检查药桶盖上的通气孔是否被堵塞，检查里面的密封圈是否损坏或丢失，如图3-30所示。

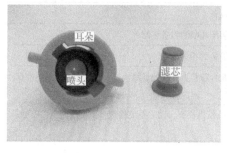

图3-29　检查喷嘴是否异常　　　　　图3-30　检查药桶盖上的通气孔是否异常

（11）检查应注意的事项

1）每次作业完毕后，及时用清水清洗喷洒系统，避免农药腐蚀喷洒系统零件和喷头堵塞。

2）每次作业完毕后，及时维护植保无人机电机，用毛刷、镊子清除植保无人机中体积较大的杂物。

3）使用吹风枪的工作过程中要注意安全保护，工作过程中要留意飞溅物向四周飞散，使用时不要正对着人。

4）检查散热孔内有无杂草、泥巴等异物，如有堵塞必须立即清理。

5）检查时务必注意橡胶圈是否脱落，如有会割伤线，如图3-31所示。

6）每次作业完成后，必须用清水重新喷洒一次来清洗水泵，去除水泵内的残余农药，避免水泵内隔膜被腐蚀。

7）禁止水泵空转。

8）每次作业完成后必须对喷管进行仔细地冲洗，保证喷管内的洁净。因为药液在喷管里会有残留，会对喷管造成腐蚀（如图3-32所示的喷管，已经腐蚀无法清洗了），而且会对下次喷洒造成污染，所以必须及时用清水清洗。

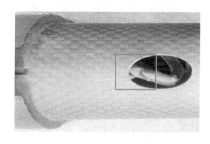
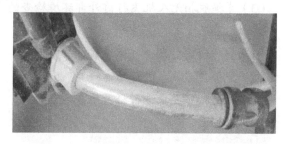

图3-31　检查橡胶圈是否脱落　　　　　图3-32　残液腐蚀喷管

5. 培训标准

维护植保无人机培训标准，见表3-2。

表3-2 维护植保无人机培训标准

序　号	培 训 项 目	培 训 标 准
1	工具、设备使用	能够正确使用维护植保无人机的工具、设备
2	飞机组装	能够利用装配工具，完成植保无人机的装配和喷洒设备装配
3	植保无人机调试	能够使用调参软件调整飞控参数和喷洒设备的相关参数
4	飞行前维护检查	能够依据检查规范完成植保无人机的作业环境检查、作业场地检查、植保无人机机体检查、植保无人机喷洒设备检查
5	飞行后维护检查	能够使用工具设备完成飞行后植保无人机整机检查、动力系统检查、蓄电池充电、喷洒系统检查与清洁等飞行后的维护检查工作

任务2　维护航拍无人机

学习目标

通过学习航拍无人机作业前后不同阶段的工作，获得独立进行航拍无人机作业前、作业后进行检查的工作能力。

任务情境

某无人机公司，获得对某区域进行航拍作业的任务。为保证作业任务的顺利完成，根据作业手册需要进行航拍作业前的无人机检查、飞行环境检查、起降场地检查、系统检查、航拍设备检查、航拍路径规划、作业完成后的数据收集、无人机收纳、蓄电池充/放电等工作。

任务要求

1. 知识要求

（1）掌握航拍无人机自身检查的程序和内容。

（2）掌握航拍无人机飞行前检查注意事项。

（3）掌握航拍无人机飞行前外部环境检查的内容。

2. 技能要求

（1）能够按照要求进行环境检查。

（2）能够按照要求进行场地检查。

（3）能够按照要求进行机身检查。

任务分析

航拍无人机飞行前的环境安全检查、场地检查、机身检查。

任务实施

1. 作业前状态

1) 动力蓄电池、遥控器、手机的电量应当满电（检查电量，见图3-33）。

2) 机体完好。

3) 各部件完好。

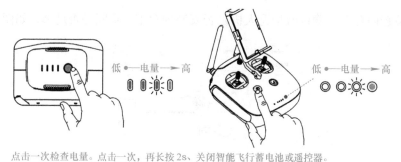

点击一次检查电量。点击一次，再长按2s、关闭智能飞行蓄电池或遥控器。

图3-33 检查电量

2. 作业设备前检查

（1）检查云台 卡扣是否取下来，如图3-34所示。

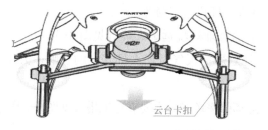

图3-34 检查卡扣

（2）检查螺旋桨 螺旋桨是否扣紧，桨叶是否有破损（见图3-35）。桨叶是易耗品，要注意损害程度，及时更新。新的桨叶不仅可以减少噪声，更可以保证安全。

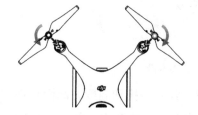

图3-35 检查螺旋桨和桨叶状态

（3）检查电机、云台的工作情况 开机后检查螺旋桨电机、云台是否正常工作。

（4）检查遥控器 航拍无人机和遥控器是否连接，APP是否可以正常加载，有无警告提示，如图3-36所示。飞行出发前，要检查是否有新的固件升级。打开APP后各项指示是否正常。

可安全飞行（无GPS）	起飞前务必等待 DJI GO APP 相机界面正上方的飞行状态指示栏显示为"可安全飞行（GPS）"或"可安全飞行（无GPS）"，以保障飞行安全。

图 3-36　检查手机端地面站

（5）检查内存卡　确认航拍无人机是否安装内存卡，空间是否足够，如图 3-37 所示。

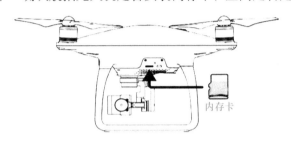

内存卡

图 3-37　检查内存卡空间是否充足

3. 作业前环境检查

1）起降点检查。检查起飞地点是否开阔、平整，附近是否有障碍物，能否保证起飞姿态平稳，桨叶旋转后是否会打到周围物体。

2）作业环境检查。检查作业环境远离人群（见图 3-38）。

3）天气状况检查。注意恶劣天气对无人机安全的影响，大风、雷电、降雨都是无人机飞行的大隐患。

4）强磁环境检查。远离强磁环境，不要靠近电塔（见图 3-39）、通信天线、矿山等地。

图 3-38　远离人群

图 3-39　远离强磁环境

5）特殊地区作业。注意海拔和温度，高海拔地区的空气稀薄，会影响无人机的升力，低温会影响蓄电池的性能。在这样的地区飞行要提前做好准备。

6）空域规定。当地是否有禁止飞行的警告（见图 3-40），确定自己是否处在禁飞区，要了解当地法律法规，观察附近是否有敏感的区域，比如政府

图 3-40　远离禁飞区

部门、军队警察驻地等，观察附近是否有禁飞标志。

4．检查应注意的事项

1）机臂无破损，完全展开、螺钉紧固无松动。

2）螺旋桨安装正确。

3）蓄电池安装牢固，低电压报警机制正常。

4）确保磁罗盘已校准，GPS 搜索到厂家规定的卫星数量。

5）遥控器解锁飞机，起动观察航拍无人机的指示灯正常闪烁后方可飞行。

5．航拍作业完成的主要工作

1）飞机断电。

2）取下航拍数据内存卡。

3）取下蓄电池。

4）检查航拍无人机、收纳航拍无人机，运输保管。

6．培训标准

维护航拍无人机培训标准，见表 3-3。

表 3-3　维护航拍无人机培训标准

序　号	培 训 项 目	培 训 标 准
1	工具与设备使用	能够正确使用航拍无人机的随机工具与设备
2	作业前的状态	能够使用工具设备进行航拍作业前的电量检测，机体、部件检查，保证电量满足航拍作业需求，机体、部件完好
3	作业前设备检查	能够按照检查路线，依据作业前检查规范完成飞机本身检查和航拍设备检查
4	作业前环境检查	能够依据检查内容进行作业前的起降环境检查、天气状况检查、飞行计划报备批复核查等内容

任务 3　维护航测无人机

学习目标

通过练习航测无人机作业前后不同工作环节的工作技能，培养学生航测无人机飞行前组装、地面站架设、地面站使用、地图使用、航线设定、校磁、降落模式设置、保护模式设置的能力，飞行后日常维护检查的工作能力。

任务情境

作业人员接到航测无人机作业任务后，对拟进行作业的区域应进行飞行环境检查、场地检查、起飞前的组装、地面站连接、地面站设置、航测设备检查和航线编辑、磁校准、航点设置、保护模式和降落模式设置等工作准备，在实训教师的指导下，学习航测无人机作业前后的维护工作。

任务要求

1. 知识要求

（1）掌握航测无人机组装的方法。

（2）掌握地面站连接的方法。

（3）掌握地面站设置的方法。

（4）掌握航线编辑的方法。

（5）掌握校准的方法。

（6）掌握保护模式设置的方法。

（7）掌握降落模式设置的方法。

（8）掌握航测无人机日常维护的内容。

（9）掌握回收伞维护及维护的内容。

（10）掌握蓄电池的使用与维护注意事项。

2. 技能要求

（1）能够按照要求进行飞行前的航测无人机组装。

（2）能够按照需求连接地面站。

（3）能够按照要求进行地面站设置。

（4）能够进行航点设置。

（5）能够进行航线编辑。

（6）能够进行磁校准。

（7）能够进行保护模式设置。

（8）能够按照要求进行日常维护。

（9）能够按照要求进行回收伞维护。

（10）能够按照要求正确使用蓄电池和维护蓄电池。

任务分析

航测机飞行作业的每一步都至关重要，组装是基础，连接与设置是在组装好的基础上进行的。磁校准和航线编辑是完成飞行作业任务的前提，保护模式设置是保证飞行作业安全的基础。航测无人机的日常维护、回收伞的维护与维护内容、蓄电池的日常使用与维护直接关系到航测无人机的工作效果。以下用翔宇航测无人机系统为例进行说明。

任务实施

1. 起飞前无人机组装

1）装入蓄电池之前用测电器测量蓄电池电量信息并记录→装入蓄电池→连接好线路

→插入电量监测雷莫插头（注意雷莫插头的方向，红点对准缺口），如图3-41所示。

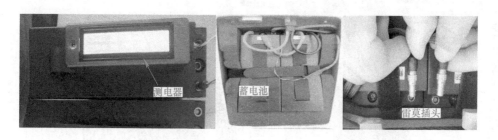

图3-41　蓄电池安装流程

2）插入尾管→插入尾管、雷莫插头（同样红点对应缺口）→安装尾翼→拧紧螺钉（两颗尾翼固定螺钉，一颗尾管固定螺钉），如图3-42所示。

图3-42　尾管和尾翼的安装

3）安装数传天线和GPS天线及RTK天线（注意不要装反，见图3-43）→上系统电→装入降落伞→断开钥匙。

4）装入相机（见图3-44蓄电池舱的前方）→连接好快门线和差分线路，差分天线（见图3-45）→插入安全装置蓄电池（注意方向，见图3-46）→安装中段翼（尽量低平插入，其下部为机身任务设备舱，见图3-47）→安装支臂拧紧螺钉→安装外段翼（见图3-48）→拧紧四个螺钉（中段两颗螺钉，外段翼两颗螺钉）→成品如图3-49所示。

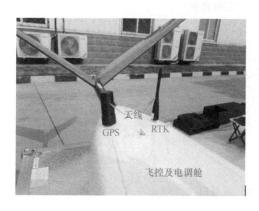

图3-43　安装GPS和RTK天线

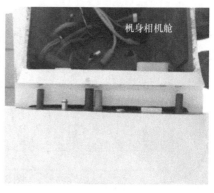

图3-44　相机舱

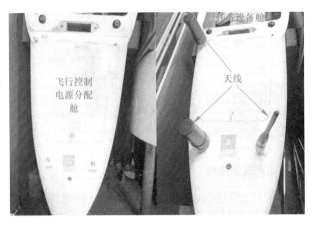
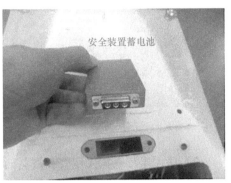

图 3-45　差分、GPS、845 天线　　　　　图 3-46　安全装置蓄电池

图 3-47　安装中段翼

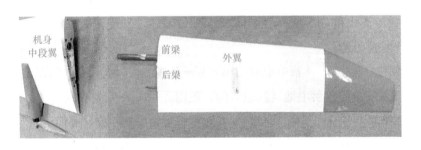

图 3-48　安装外段翼

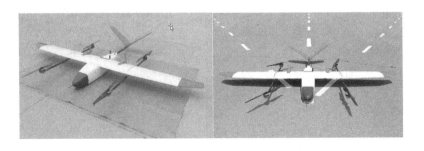

图 3-49　成品机

5）安装无人机空速管（见图 3-50）。注意，安装时应对准空速管连接位置。

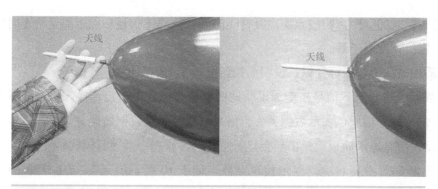

图 3-50 空速管安装

2. 起飞前地面站设备的连接

安装地面电台盒的玻璃钢天线→架设三脚架→用 USB 转串口线连接地面电台和地面站，如图 3-51 所示。

3. 地面站软件的功能及使用

地面站开启后，主界面分为 HUD、关键信息区、指令区、地图操作面板、航线编辑栏、遥测信息栏、辅助定位栏、地图操作栏。

（1）HUD　主要显示航测无人机当前飞行姿态信息、目标姿态信息、GNSS 信息、遥控遥测

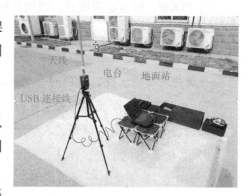

图 3-51 地面设备的组装

数据链信息、磁罗盘状态信息。此处还包含地速、目标地速、相对高度、目标相对高度、航向角、目标航向角、当前俯仰角度、目标俯仰角度、当前滚转角度、目标滚转角度、当前海拔、当前地速、航线偏差、高度偏差，如图 3-52 所示。

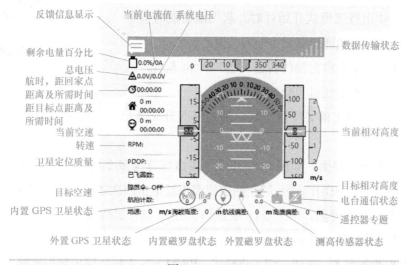

图 3-52 HUD

（2）关键信息区　包含当前智能蓄电池信息（根据数据自动显示）、动力电压、系统

电压、总飞行时间、距离归航点距离及待飞时间、距离下一目标点距离及待飞时间、发动机转速、定位精度因子等。

1）遥控器状态。图标变绿，说明遥控器已与无人机连接。

2）数据传输状态。信号格变绿说明地面电台与机载电台已连接。信号格绿色表示数据传输正常，信号格灰色表示数据丢失，信号格红色表示数据错误。

3）反馈信息显示面板。单击后会显示主要的操作指令及飞行模式转变情况。

4）外置 GPS 卫星状态。显示搜星颗数，低于 10 颗不能起飞，10 ～ 13 颗有安全隐患，14 ～ 17 颗正常，18 ～ 20 颗良好。

5）PDOP，显示定位质量。当为 0 和 1 时是良好状态，0 最好，大于 1 的情况有安全隐患，不能起飞。

6）内置磁罗盘状态。该图标由绿色圆环与指针构成，整个图标背景颜色为绿色时为正常，黄色时有磁干扰，红色时有严重磁干扰，任何磁干扰都需要做磁校准。

7）相对高度。即航测无人机相对于起飞位置的高度。

8）目标相对高度。即驾驶人员想要航测无人机达到的相对起飞点的高度。

9）智能蓄电池信息。单击图标会出现信息框，显示智能蓄电池相关信息，需注意一组 6S 蓄电池 12 分片电压是否均衡，差距一般不会超过 0.1V；系统电压是 12V，正常上下浮动不会超过 0.2V，如图 3-53 所示。

10）电流。地面调试阶段电流接近 0，基本 1A 以内，全油门电流为 115 ～ 120A（蓄电池长时间处于零下低温状态电流可能会低于 115A）。

图 3-53　蓄电池信息

11）航时。显示本架次航测无人机飞行时间，待飞模式下不计时，切出待飞模式开始计时，起飞前需航时清零（地图任意位置右击功能指令清空航程航时）。

12）转速。显示正常全油门转速 10 500r/min 左右，且两个螺旋桨转速相差不超过 200r/min。

13）降落伞。起飞前装降落伞时，遥控器有开关伞操作，此处会显示开关伞状态的变换。

（3）指令区按钮界面，如图 3-54 所示　本区域分为多个功能页面，每个功能页面部署不同功能主题的指令操作，带"*"的按钮需连续单击四次才能生效，起保护作用。

1）飞行模式切换界面，用于进行飞控模式切换。其中"待飞模式"按钮即地面维护阶段，遥控器不可控（仅能开关伞）。

2）"MR 准备起飞"按钮。切入该模式，PWM 1 ～ 4 将会输出最小脉宽，多旋翼动力系统进入怠速模式。不会执行增稳或飞行动作，舵机和固定翼动力也将不会输出执行动作。

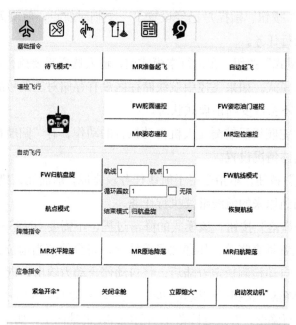

图 3-54 指令区按钮界面

3）"自动起飞"按钮。由于混合翼垂直起飞过程采用多旋翼模式，所以先单击"MR准备起飞"按钮，此时多旋翼动力系统进入怠速旋转模式，有助于离地升空瞬间保持飞行器稳定。等待 2s 以上，单击"自动起飞"，飞行器将会自动离地上升，进入自动起飞过程。完成自动起飞并转换后，无人机返回归航点上空进行盘旋。

4）"FW 舵面遥控"按钮。即纯手驾操作，本模式用于全人工控制进行飞行操作。此时飞控将完全执行人工控制指令，不提供增稳等自动控制效果。在该模式无法保证飞行器的控制稳定性，飞行操作人员需要具备熟练的飞行技能，请谨慎使用。本模式还可用于地面检查舵面逻辑等。

5）"FW 姿态油门遥控"按钮。是半自主模式，此时飞行操作人员可以控制航测无人机的油门，完成俯仰、滚转、偏航。油门拨杆控制量为全手动控制，姿态拨杆控制量对应姿态角动作量，拨杆回中后，飞行器将保持姿态水平。

注意：本模式下航测飞行器并不会保持高度和空速，请时刻注意其高度和空速，避免出现意外。

6）"MR 姿态遥控"按钮。此时可通过多旋翼油门滚轮进行上升 / 下降控制，使用俯仰、滚转、偏航拨杆进行多旋翼的姿态控制，在此模式下保证固定翼油门处于最低位，避免固定翼动力系统起动产生非主观意愿的动力干扰。

7）"MR 定位遥控"按钮。本模式用于多旋翼模式下 GNSS 定位飞行控制，此模式下航测无人机可以实现自动悬停定位。

8）"FW 归航盘旋"按钮。此操作是给无人机下达返回归航点的指令，该指令下，无人机会飞回并绕着之前设定的归航点盘旋。

9）"航点模式"按钮。前提是已经设置了一个临时航点，航测无人机会绕着该点以设定的参数盘旋，执行任务。

10）"FW 航线模式"按钮。在执行本模式前，输入选择需要执行的航线编号、航点编号、执行圈数及结束模式。如果飞控中航线储存区没有存储对应编号的航线或航点，则飞控会返回错误，并且不会改变当前模式状态。

结束模式。即飞完航线后航测无人机自动执行的动作，有"归航盘旋"和"进入降落航线"两种，根据具体情况设置。

11）"恢复航线"按钮，本指令用于航线任务没完成，航测无人机人为或意外返航后，再次让航测无人机回到原来的航线继续执行任务。

12）"MR 水平降落"按钮。该模式的降落过程，不需要 GNSS 信号支持，多旋翼将会尽可能保持当前位置垂直降落，如遇大风等情况，将会偏离当前位置，但依然保持姿态水平。降落至地面并自动检测稳定着陆后，将自动停止动力输出，进入待飞模式。

13）"MR 原地降落"按钮。该模式的降落过程，需要 GNSS 信号支持，多旋翼将会锁定当前经纬度位置进行降落，并最终降落至当前经纬度的地面上，如果出现大风干扰，将会进行位置修正。如果降落过程中出现 GNSS 信号丢失，将会切换为"MR 水平降落"模式继续完成自动降落。降落至地面并自动检测稳定着陆后，将自动停止动力输出，进入待飞模式。

14）"MR 归航降落"按钮。该模式的降落过程，需要 GNSS 信号支持，多旋翼将会返回起飞点后再执行降落，最终将会降落在起飞位置处，如果降落过程中出现大风干扰，将会进行位置修正。如果降落过程中出现 GNSS 信号丢失，将会切换为 [MR 水平降落] 模式继续完成自动降落。降落至地面并自动检测稳定着陆后，将自动停止动力输出，进入待飞模式。

15）"紧急开伞"按钮，出现意外情况且遥控器不可控，同时降落航线无效或来不及使用，需要立即处理时，可以单击"紧急开伞"按钮。

16）"关闭伞舱"按钮。逻辑上开伞后航测无人机的油门是不可控的，飞控会切断信号输入，此时地面站切到舵面遥控后，可以控制舵面，如果想要控制油门（安全装置开伞除外），则需要关闭伞舱。

17）立即熄火。此模式用于突发情况需要马上停止螺旋桨旋转。

（4）地图操作面板　用于设置归航点及临时航点参数。

归航点是最重要的参数之一，每次航测无人机上电都需要首先设置归航点，断电一次就需要重新设置。归航点半径一般设 200m，速度一般 25m/s，高度根据具体情况设置，盘旋方向根据自己习惯，升降模式选择"高度保护"（保持原高度飞到归航点再降高度），注意尽量不要选择"立即升降"（立即降高度并飞向归航点），单击"选归航点"在地图上找到合适的位置单击，然后确认航点参数后单击"设置"，归航点设置完毕，如图 3-55 所示。

如果地面站中途关闭，重新打开后只需单击"读取归航点"就能恢复之前的设置，临时航点也是同样设置的。

（5）航线编辑栏　主要用于临时修改航线参数，如航测无人机正在执行的任务航线高度是 300m，速度 25m/s，那么在此界面将高度改为 200m，速度改为 25m/s，单击"设置"，那么无人机就会立即按新的参数继续执行原航线，再单击"恢复"，无人机恢复原航线飞行参数，如图 3-56 所示。

图 3-55　归航点和临时航点设置

图 3-56　航线参数设置

1）飞机与地面站连接。连接页面，本页面主要用于连接地面站与飞行器。选择"串口"，首先单击"搜索串口"，一般串口线使用的是"COM3"，其他数据线根据搜索到的串口选择；"波特率"选 115 200，然后单击"打开"按钮即可连接飞控，飞机与地面站连接，如图 3-57 所示。下面的遥控器连接串口可以忽略。

2）UDP 设置。"UDP"接口用于查看航测无人机记录，单击"打开"按钮设置，如图 3-58 所示。

图 3-57　飞机与地面站连接

图 3-58　UDP 设置

3）飞控记录查看。右击桌面上的地面站快捷方式，选中"打开文件位置"，双击"ZDlogPlayer.exe"即可打开播放工具，然后单击"文件名"图标导入飞控记录（log 文件夹内）即可查看，如图 3-59 所示。

图 3-59　查看飞控记录

（6）遥测信息栏　主要用于相关航拍参数计算与参数设置。

1）参数计算。航拍参数计算页面，地图任意位置右击调出，主要用于规划扫描航线。

航拍计算、飞机参数根据所使用的相机不同，设置不同的参数，右侧的航测设置根据作业任务的标准设置；这两项都设好后单击"计算"即可得到航拍参数。

2）参数设置。此项就是直接手动设置航拍参数，可以配合额外的航拍参数计算软件使用；其中"定距"为等距离拍照，"定时"为等时间拍照。

转弯半径一般设为200m，拍照半径即为拍照功能点的半径，一般为1m。

设好参数单击"确定"按钮，之后就可以画航线了，如图3-60所示。

图3-60　航拍参数设置

（7）辅助定位栏　主要用于下载航拍点信息，读取机载数据信息，如图3-61所示。

图3-61　信息页面

1）单击"拍照一次"，相机试拍一张，试拍完毕后连续单击四下"清除信息"清空飞控里的试拍数据。

2）无人机降落后先选择文件的存放路径，再单击"下载"即可下载航拍数据。

3）读取机载数据同理，先选择存放路径，再依次单击"获取状态"和"导出"即可下载飞控里的飞行记录回放。

4）远程协助，可以控制远程监看，远程控制。

4．地图操作面板

地图操作面板中"卫星图像"和"地图"为联网地图，即在有网络连接的情况下才能显示；"本地地图"和"本地卫星图像"为离线地图，即提前下载在计算机里的地图，在外场作业一般都要提前下载好任务区域的离线地图。地图操作面板，如图3-62所示。

图 3-62　地图操作面板

（1）定位飞行器　将航测无人机位置显示在屏地图中央。

（2）定位目标点　将目标点位置显示在屏地图中央。

（3）定位归航点　将归航点位置显示在屏地图中央。

（4）定位起飞点　将起飞点位置显示在屏地图中央。

（5）清除航迹　清除之前航测无人机飞行的航迹。

（6）刻度尺量距离　使用刻度尺测量任意两个航点之间的距离，用鼠标在要测距的两个航点之间画线，线画好后，释放鼠标，刻度尺即可将线两端之间的距离显示在地图上。

（7）定位临时航点　临时航点是指不在航行规划内的航点。定位临时航点是指根据任务需要对临时更改的航点进行的定位。

（8）清除拍照区域　清除拍照区域是指对已经上传的规划航线中涉及的拍照区域的航点进行的清除。

5．航线编辑面板

（1）航线编辑面板　主要用于航线的绘制、修改、上传及下载，如图3-63所示。航线编辑面板支持9（1～9）条任务航线编辑，1条降落航线编辑，支持批量修改航点。

（2）航点参数　航点参数主要有航点ID、经纬度、高度（所有航点高度均为相对高度)、速度、航点半径、立即拍照指令、任务动作指令、任务动作参数、升降模式。

1）航点 ID。即为本条航线中，航点的序号。

2）经纬度。航点的地理坐标信息。

3）高度。相对于起飞点的高度，并非海拔高度。

图 3-63　航线编辑面板

4）速度。飞行器将当前航点切换为目标点后，飞行器的目标速度。

5）航点半径。飞行器接近航点时，进入该半径范围即视为到达航点，即刻切换目标点为下一航点或执行相应任务动作。

6）立即拍照指令。飞行器在到达航点，进入航点半径时刻，立即执行一次拍照指令。

7）任务动作指令。是飞行器到达此航点后，将要执行的任务动作。目前设置有无动作、等距拍照、等时拍照、停止拍照。其中无动作含义为继续保持当前任务动作。故单条航线拍摄任务需要设置开始拍摄航点和停止拍摄航点，区间内航点及其他航点均保持无动作即可。

8）任务动作参数。当选择等距拍照或等时拍照后，任务动作参数含义将自动在"每米"和"每秒"之间切换。

9）升降模式。即为航线模式下，飞行器目标点切换为当前航点后，飞行器立即执行最大角度升降（立即升降），或执行两点连线的角度进行高度调整（斜坡升降），默认为立即升降。

注意：斜坡升降模式下，飞行器最大升降角度也不会超过预设飞行器特性中的最大升降角度。

（3）航点参数修改

1）修改航点参数。修改航点参数时，可批量修改本航线中所有航点的高度、航点半径、速度。批量修改均为增量式修改，即批量在当前设定值的基础上增加或减少设定值。输入值为负数即为减少。

2）删除航点参数。如想单独删除某一航点，可在航线编辑栏中选中"本航点ID"，或者在地图中选中航点，并单击"删除选中航点"，即可删除。

3）插入航点参数。想要单独增加插入一个航点，可选中想要插入的航点位置的后一航点，并单击"增加一个航点"，即可在选中航点之前的位置插入一个新的航点，插入后可拖动并单独修改航点参数。

（4）上传/下载航线　当编辑完全部航线后，即可单击"上传航线"按钮，航线将会上传至飞控储存区。想要获取飞控中所储存的航线，可选中对应编号的航线，单击下载航线即可。

1）修改并上传相同航线编号的航线，将会覆盖飞控中的本条航线，不可回退。

2）可以在地面站中清空、删除所编辑的航线，但所有操作并不会删除飞控航线储存区中所存在的航线。

3）实心上传/下载箭头按钮为正常指令，虚线上传/下载箭头按钮为断点续传指令（如果出现上传/下载过程失败可以执行断点续传）。

（5）执行航线　当确认并上传已编辑的航线后，需要在指令区的模式切换页面中输入需要进入的航线和切入的航点号（选择"无限"选项代表无限循环本航线，不会执行结束模式）。单击航线模式，飞行器将会进入本航线，并执行航线任务。

（6）恢复航线　当飞行器正在执行的航线被中断时，例如临时执行航点模式，或切换到手动遥控模式，飞行器会记录被中断前的目标航线、航点及已飞圈数。单击"恢复航线"，飞行器将继续执行中断前所记录的目标航线及航点，并完成尚未完成的飞行圈数。

1）例1：当前飞行器正在执行航线1，目标航点3。

出现临时任务，命令飞行器进入航点模式，飞向临时航点，执行3圈侦查任务。临时航点任务结束后，飞行器将自动返回航线模式，恢复航线1，目标航点3。

2）例2：当前飞行器正在执行航线2，目标航点5。

出现临时任务，切换飞行模式，操控飞行器进入姿态油门模式。飞行一段时间后，又进入临时航点模式等其他非航线模式。执行了数个操作命令后（除手动再次进入航线模式外），执行恢复航线命令，飞行器将自动返回航线模式，恢复航线2，目标航点5。

（7）航线绘制　选中任务航线的序列号（1～9），可以随意选择，然后单击"绘制航线"，在合适的地图上单击"加点构成多边形"，圈住将要作业的任务区域，右击"结束加点"，然后单击"航线保存"按钮将航线保存在计算机中，即可生成任务航线，单击"上传航线"按钮，即可上传新的任务航线，如图3-64所示。

生成的扫描航线每个点都有相应的高度、速度、半径、任务动作、升降模式、经纬度等信息，如果要额外修改航线，加减航点则需要更改航点参数。

图 3-64　绘制航线

（8）航线高度检查　在地面站人员做完航线后，检查航线高度是必须要做的，方法是在有网络的情况下，单击"点选参考起飞点"，然后在地图上单击"起飞的位置"获取起飞点高度。选择要检查的航线，再单击右边的"扫描"按钮，就会出现航线线路上的所有地理高度信息和航线高度信息。

（9）降落航线　降落航线是无人机起飞前必须绘制的航线，设置 10 号航线为降落航线，航点数目不得少于 6 个点。整个降落航线主要分为三个阶段：调整航线阶段、转换阶段、降落阶段。

注意：V1.0 固件，起飞点为降落目标点。V2.0 固件，降落航线最后一个航点为降落目标点。

1）调整航线阶段。整个降落航线，除最后一个航点外，其余航点均可规划为调整航线控制点，即为调整无人机降落之前的位置、高度、速度等状态。建议在降落转换点之前多设置一个航点用于提前降低飞行速度，并调整飞行航向，保证飞行器以接近转换速度平稳接近降落转换点，坚决避免出现过大的姿态角调整，否则飞行器将不会进入转换模式，并自动复飞重新执行降落航线。

2）转换阶段。降落航线最后一个航点为模式转换点，当飞行器以预设高度、速度进入降落转换点的航点半径范围内，将会进行模式转换：多旋翼动力系统将会起动，固定翼动力将会停止，飞行器减速并进入多旋翼归航降落阶段。根据飞行器的性能不同，转换并减速直至可以完全悬停所需要的减速距离不同，建议将所需转换距离设置为降落转换点的航点半径，以尽可能保证飞行器完成减速并可以悬停时，正好可以到达降落点位置。

3）降落阶段。飞行器进入多旋翼归航降落阶段后，将会自动飞至降落点上空，悬停 2s（可设置）后，执行降落；距离地面 15m 以上将会按照 1.7m/s（可设置）进行下降，距离地面 15m ~ 5m 范围，速度将会梯度逐步减速至 0.5m/s（可设置），距离地面 5m 以下将会按照 0.5m/s（可设置）速度进行下降。直至降落至地面，检测安全降落（约 3s）后，自动停止所有动力输出，进入待飞模式，完成降落。降落航线设置，如图 3-65 所示。

图 3-65 降落航线设置

① 1～4航点为调整航线，建议调整航线阶段不要有过多高度变化和角度过大的转弯，以节省能源，保证航速及飞行平稳。

② 5航点为降落转换点之前多设置的一个减速点，将飞行速度提前降低至略高于转换速度，以提高转换时的效率，减少能源消耗。

③ 6航点为降落转换点，飞行器以平稳姿态进入该航点半径后，将会自动起动多旋翼动力系统，停止固定翼动力系统，直至平稳减速悬停。

（10）离线地图　本软件支持全球范围内的任意区域下载 Google 离线地图，方便用户外场使用。在地面站任意位置单击右键，在弹出的菜单中选择"下载离线地图"，单击"圈选区域"按钮，在所需要下载离线地图的位置进行框选，然后单击"下载离线地图"按钮，进行离线地图下载配置。可选择超精细(1～19级图层)、精细(1～18级图层)、一般(1～17级图层)、粗略（1～16级图层），包含线路地图、卫星地图，最高分辨率可达 1:1 000 比例尺。

地面站将自动集中保存所有离线地图文件，并自动合并重复文件。

为保证离线地图数据是最新的，建议在下载时选择"覆盖已下载的瓦片"。下载进度100% 即为完成，如图 3-66 所示。

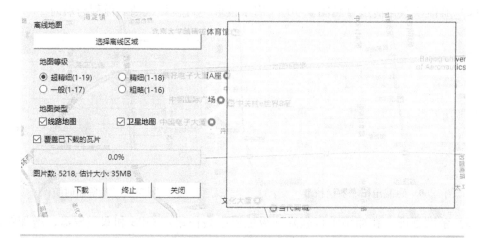

图 3-66 下载离线地图

（11）油门仪表　用于显示飞行器总油门输出量，如图 3-67 所示。

FW，FixedWing 固定翼；MR，MultiRotor 多旋翼。

（12）遥测信息栏　显示飞控下发的所有关键遥测信息，如图 3-68 所示。

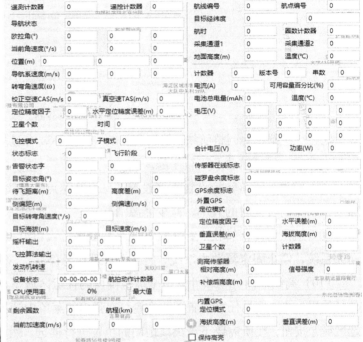

图 3-67　油门仪表

图 3-68　遥测信息栏

6. 一键磁校准和配置面板的功能使用

（1）磁罗盘校准设置　用于一键校准磁罗盘，设置当地磁偏角等，如图 3-69 所示。

注意：任何航电设备及机载设备变化引起电磁环境变化都需要磁校准，磁偏角必须根据真实情况进行设置，否则可能会导致严重事故。

（2）航程读取与清空（见图 3-70）　用于读取飞行航程或清空航程与航时。

图 3-69　磁偏角和磁罗盘校准

图 3-70　清除航时航程

（3）余度管理　在翔宇垂直起降升级配置中会使用双 GPS 和双磁罗盘，增加航测无人机安全性能，如图 3-71 所示。

（4）配置面板　用于设定报警提示音及其他默认参数初始化数值，可根据具体情况自由把握报警参数设置，如图 3-72 所示。

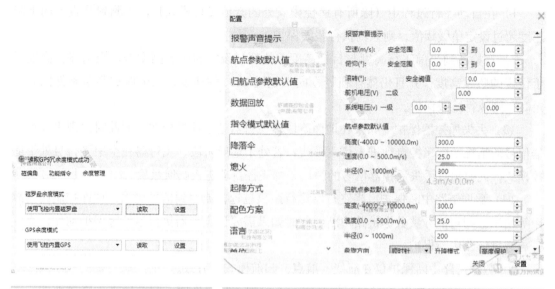

图 3-71　余度管理　　　　　　　　　　图 3-72　配置面板参数设置

注意：降落伞、熄火、起动发动机及公制单位的选择。

1）日志管理。自动记录遥控日志、遥测日志和操作日志的功能。

2）遥控日志。通过地面站发送的操作指令、命令和参数设置等数据。

3）遥测日志。地面站接收到的飞控遥测数据，包括所有飞行状态参数。

4）操作日志。在地面站中进行的所有指令操作。

5）变更界面内容。将鼠标放置于地图任意位置，按 <ESC> 按键或右击，即可调出功能菜单。在视图页面中可以选择地面站界面中是否显示相应元素。

（5）安全装置　确保安全装置蓄电池连接正常，LED 灯常亮。

7. 保护模式

翔宇垂直起降无人机系统设计有多种保护模式，包括低电量保护、坠毁保护、丢失遥控器保护、数据链路中断保护、熄火保护、GNSS 丢星保护、转换超时保护和硬件连接检查等。

（1）低电量保护　低电量保护仅在自动飞行模式下生效，任何人工遥控模式下该保护功能将自动关闭。低电量保护由是否使用智能蓄电池而分为两种保护模式，每种保护模式又包含两级保护：进入低电量一级保护后，航测无人机将进入归航盘旋模式。进入低电量二级保护后，航测无人机将进入自动降落航线。进入系统电压保护后，航测无人机将直接进入自动降落航线。

在进入任一级低电量保护后，如果手动退出保护模式，将不会再次进入该级别保护，直到触发下一级保护。如果所有保护触发后都进行了手动退出，则不会再进行任何低电量保护。

（2）坠毁保护　坠毁保护是为了出现意外坠毁情况时，可以执行缓冲保护。坠毁保护仅在航线、航点、归航模式下有效。坠毁保护方式选择的是开伞保护，则保护动作为开启降落伞；若选择的是起动多旋翼原地降落，则保护动作为起动多旋翼并执行原地降落。

1）在自动飞行过程中（除所有遥控模式外的其他飞行模式），检测到垂直方向下降速度超过设定坠毁阈值，则立刻执行坠毁保护。

2）在检测到当前飞行高度与目标高度差值超过设定的坠毁高度差，当前飞行高度低于设定的坠毁高度，并且仍然存在竖直向下超过 2m/s 的速度，三个保护判断条件同时满足时，则执行坠毁保护。

（3）丢失遥控器保护　如果在地面阶段，飞行器处于遥控模式，而此时出现丢失遥控器信号的情况，则飞控自动进入待飞模式；若处于巡航阶段，飞行器在空中飞行且处于遥控模式，此时出现丢失遥控器信号的情况，则飞控自动进入归航盘旋。

（4）数据链路中断保护　当飞行器飞行距离过远，或遇到信号遮挡、地面控制终端故障等情况，则可能导致数据链路中断，此时如果需要让飞行器执行返航等保护动作，需要开启数据链路中断保护。

1）数据链路中断保护仅在航线、航点、归航模式下有效。

2）数据链路中断保护存在三种模式：不保护、归航盘旋、归航后进入降落航线。一般默认不保护模式。

3）针对数据链路工作不稳定的设备，或任务航线航程很远，可能遇到数据链路传输中断的情况。在这种情况下，用户可选择是否开启数据链路中断保护。

4）数据链路通信中断时间超过设定时间后，即认为丢失数据链路。数据链路中断的判断标准是通信接口没有任何上行数据。

5）选择开启保护后，可设定保护模式为归航盘旋，进入归航盘旋后自动执行降落航线两种。其中进入归航盘旋后自动执行降落航线时，执行归航盘旋过程中机头朝向满足平滑进入降落航线的条件时，即退出盘旋执行降落航线。

（5）熄火保护　在飞控中设计有熄火保护功能，存在以下保护逻辑。

1）单发—单发熄火归航保护。固定翼动力系统为单发动机，检测到熄火后，飞行器调整姿态优先保证维持滑翔空速，然后进入归航状态，此时自动调整归航目标点为起飞点，归航半径保持所设置的归航点半径。到达起飞点归航半径后，如果高度过高，将以当前半径盘旋下降，直至到达调参软件中设定的坠毁高度，自动起动多旋翼，执行返航降落。如果归航滑翔途中高度过低，未到达归航半径前降低到设定的坠毁高度，则提前起动多旋翼，执行返航降落。

2）双发—单发熄火归航保护。固定翼动力系统为双发动机，检测到单发动机熄火后，飞行器调整姿态使用单发动机动力输出，进入归航状态，此时自动调整归航目标点为起飞点，归航半径保持所设置的归航点半径，继续保持高度或极可能减缓高度降低速度。到达起飞点归航半径后，保持单发动机盘旋，如果高度得以保持，将保持该状态等待下一步指令。如果高度持续降低无法保持，则到达设定的坠毁高度时，自动起动多旋翼，执行返航降落。

3）双发—双发熄火归航保护。固定翼动力系统为双发动机，检测到双发动机全部熄火后，飞行器调整姿态优先保证维持滑翔空速，然后进入归航状态，此时自动调整归航目标点为起飞点，归航半径保持所设置的归航点半径。到达起飞点归航半径后，如果高度过高，将以当前半径盘旋下降，直至到达调参软件中设定的坠毁高度，自动起动多旋翼，执行返航降落。如果归航滑翔途中高度过低，未到达归航半径前降低到设定的坠毁高度，则提前起动多旋翼，执行返航降落。

注意：必须正确设置"飞行器基本特性"中的发动机数量，否则将会引起保护逻辑失效。

（6）GNSS 丢星保护　GNSS 丢星保护是指旋翼起降阶段保护，保护方式为水平降落，固定翼阶段保护为绕八字航线。

（7）转换超时保护　可选择不保护、归航盘旋、归航后降落三种方式。

1）安全飞行航时，开启航时保护功能，若飞行航时大于该值，将自动触发航时保护。

2）姿态角速度、角速度超限保护，姿态角速度或角速度超限：飞控检测到当前姿态角度或角速度超过设定限制并超过所设定的持续时间，将触发坠毁保护。

（8）硬件连接检查

1）系统供电。请确认给飞控供电连接正确，且供电电压在设计范围内。

2）PWM 输出连接。确认 PWM 1～10 连接固定翼控制舵机或电调与控制分配内容一致。确认固定翼舵机供电连接是否功率充足，如果飞控供电输出不足以满足舵机使用，请对舵机使用独立供电，避免供电不足导致飞控或舵机等关键控制系统失效。

3）数传电台连接。确认飞控 1 号串口连接数传电台正确。

4）SBUS 接收机连接。如果使用机载接收机，请确认连接正确。

5）地面端数据链路连接。请将数据链路地面端连接至地面站 PC。

6）加载地面站。开启准备运行地面站的计算机，起动地面站并加载在线地图或切换至离线地图。

7）通信链路连接。开启机载航电系统供电，准备检查飞控及其他附属设备。

8）数传链路。在地面站的指令区，切换至通信链路设置页面，在无人机连接区域选择正确的数传电台串口，并打开。如果看到地面站数据有相关显示，即代表正确连接，否则请检查串口设置是否正确，或数传电台链路是否通畅。

9）固定翼舵面检查。将飞控模式切换至 FW 舵面遥控模式，使用辅助拨杆控制相应舵面执行动作，并检查逻辑是否正确，舵量是否合理。此时如果推动固定翼油门拨杆，飞控将会执行相应输出，即如果动力系统此时已供电，将会开始旋转，请注意操作安全。检查完毕后，如果有舵机控制问题，请修改控制分配相应参数。如果没问题，请将飞控模式切换至待飞模式。

10）旋翼检查。将飞机放置在开阔地，飞控模式切换至 MR 准备起飞，检查螺旋桨逻辑是否正确，转速是否一致。

11）空速检查。空速检查非常重要，必须保证空速数据正确可靠，否则飞行器将无法安全飞行。

对准空速管轻轻吹气，或用手指按压空速管进气口，观察地面站中的 HUD 中的校正空速一栏是否有数值变化。正常情况下轻吹一次或按压一次，校正空速数值可以达到十几米每秒或更高。

勿含住空速管用力吹气，因为这样很可能导致超过空速计量程，造成测量不准。

注意：系统上电时，保证空速管进气口没有较大气流，避免开机自检时产生较大干扰误差。但严禁用手或其他物品堵住空速管进气口。

12) GPS 检查。将 GPS 天线暴露在良好空域环境中，等待搜索 GPS 卫星信号。

①正常情况下，冷起动飞控设备，可在 3min 之内搜索到 14 颗卫星以上。

②热起动飞控设备，可在 1min 之内搜索到 14 颗卫星以上。

③如果长时间搜索 GPS 卫星信号，始终小于 14 颗甚至为 0，可尝试进行以下工作：

更换空域良好的场地；检查 GPS 天线连接；更换 GPS 天线；检查机载航电系统电磁干扰情况。

如果以上操作均不能改善定位性能，需要进行飞控硬件检测。

13) 磁罗盘校准检查。由于航测无人机是精密航空电子设备，内置高精度磁强计用来测量地球磁场，用于姿态测量融合计算，故飞行前需要保证磁罗盘功能正常。

①如果是第一次装机或修改硬件安装后第一次测试，应进行磁罗盘高级校准。

②如果已经进行过磁罗盘高级校准并通过，则再次飞行时，如出现磁罗盘报警，则只需进行磁罗盘快速校准即可。

两种磁罗盘校准均需要保证航测无人机周边没有大型钢铁物品，远离电子设备等任何可能影响地磁场的设备。

通常情况下，任何航电设备变化引起的航测无人机电磁环境变化都需要重新一键磁校准。

8. 降落模式

(1) 转换降落　正常情况下由固定翼模式平滑过渡为多旋翼模式。

(2) 手动转换降落　在固定翼遥控状态下，可由操作人员控制航测无人机到达指定空域，合适高度。将固定翼油门收至 0%，进行减速。空速低于设定转换阈值后，将自动起动多旋翼进入 MR 姿态遥控。

(3) 自动转换降落　发送执行转换降落航线命令，航测无人机到达最后一个航点时，自动判断满足转换条件，执行转换降落。

9. 无人机日常维护部位

(1) 表面　防止划伤无人机表面，使用棉布配合乙醇擦拭航测无人机，不要使用腐蚀性强的溶剂擦拭。

(2) 舵机　机体所有舵机飞行每 50h 后，检查舵面回中和打舵角度是否一致；200h 后进行强制返厂更换。

（3）电机　保证电机磁钢和定子表面干净，不定期使用气泵进行除尘；电机使用200h后返厂维护，保证中段机翼下表面通风进气道顺畅，不能有杂物堵塞。

（4）接头　机翼及所有航电插头保证表面干净完整，插针整齐光亮，插孔部分通畅没有杂物堵塞。

（5）空速管　金属管和软管内部没有堵塞物及粉尘，硅胶管表面没有老化变硬，没有裂痕，没有漏气现象发生。

（6）螺旋桨　完整干净，不能有折损和裂痕，连接轴螺母锁紧不能有松动。

10. 回收伞维护

1）若有泥浆干结在伞上，可用手轻微搓揉去除，但是要注意防止织物受伤起毛。对于一般的污垢，用酒精或纯汽油清洗。

2）若回收伞掉入淡水中，应及时晾干。如果掉入海水中，应用淡水清洗至少三次，并及时在阴凉通风处晾干后方可继续使用。

3）严禁将回收伞放在阳光下暴晒。

4）包装好的伞装在飞行器上最多存放一天，若超过一天，使用时应该重新包装。

5）回收伞每次用完后应及时进行清理、检查和修复，晾干后放入仓库。

6）伞绳、连接带和吊带上的锯齿型缝线断裂，使用单位不得自行修理和使用。

7）更换伞绳、连接带、吊带，伞衣上的锯齿缝线断裂或局部损伤需要更换或修理，随履历本一起返厂维修。

8）平时回收伞应散开装入提包中。在仓库中长期保管时，每隔半年检查和晾伞一次。

9）储存回收伞的房间必须干燥通风，室内温度应保持在 0 ~ 30℃，空气相对湿度在 40% ~ 70% 范围内。禁止与酸、碱、盐类，易燃、易挥发的物品保管在一起。

11. 动力蓄电池维护

1）蓄电池不要在高温高压环境下使用与存放，蓄电池存放在专用的包装箱内，并避免尖锐的物品扎坏蓄电池包装。

2）充电电流不得高于 20A，推荐使用专用充电器的 10A 档进行充电，注意不要过充或过放。

3）蓄电池的工作范围要控制在 3.5V/S ~ 4.35V/S 即 21V ~ 26.1V。

4）2 块蓄电池为一组进行使用，不得与其他组蓄电池混用。充电也是同时在同一个充电器上进行。蓄电池要进行分组标记。

5）蓄电池使用前，一定要将蓄电池充满电。

6）蓄电池 2 个月左右进行一次充电维护，即将蓄电池充满存储即可。

7）某架次飞行完成后，航测无人机在短期内不会再飞行测试，使用过的蓄电池要求充满电后存放，并且 2 个月后还需要继续进行一次充电维护。

8）当蓄电池有 4 个月以上乃至 6 个月以上没有进行充电维护，或者开始存储时航测无人机不是满电存放，且时间长达 2 个月，可能出现标配充电器不能直接充电的问题，此时需要将蓄电池返厂进行专业的检查和激活。

12. 电台盒蓄电池维护

1) 蓄电池不要在高温高压环境下使用与存放，避免尖锐的物品扎坏蓄电池包装。

2) 充电电流不得高于 3A，使用专用的充电器进行维护，不要过充过放。

3) 蓄电池的工作范围要控制在 3.5V/S ～ 4.2V/S。

4) 如果长时间存放蓄电池，至少保证蓄电池的电压在 3.8V/S，即电台盒上的指示灯电压是 11.4V 以上。

13. 笔记本计算机蓄电池维护

使用与维护基本同家用笔记本计算机。

14. 安全装置蓄电池维护

1) 每次飞行组装航测无人机时，插入安全装置蓄电池。每次飞行结束后，都要及时拔出安全装置蓄电池。

2) 航测无人机上有一个指示灯，在加载了系统蓄电池的情况下。只要将安全装置蓄电池加装到航测无人机上即可。航测无人机上的指示灯是常亮的，如指示灯不亮了，航测无人机的安全装置系统故障，需要返厂维修。

3) 航测无人机不加载系统电，将安全装置蓄电池安装到航测无人机上。如果指示灯常亮，表示安全装置蓄电池处于有电状态；如果指示灯闪烁，表示安全装置处于无电状态；如果指示灯不亮，表示安全装置系统故障，需要返厂维修。

4) 正常使用状态下，即航测无人机起飞前加装安全装置蓄电池，航测无人机降落取下安全装置蓄电池，安全装置蓄电池是免维护的。当蓄电池随航测无人机返厂维护时，会检测判断是否直接换新。

5) 蓄电池状态判断，如果航测无人机降落后，没有在 2h 内取出蓄电池，航测无人机上的指示灯就会闪烁或者熄灭。如果在取蓄电池时，航测无人机指示灯是熄灭的状态，那么蓄电池是过放电状态，需要返厂检修；如果指示灯是闪烁状态，需要立刻给航测无人机加载系统电，使用无人机给安全装置蓄电池充电。充电时间大于 1h，然后可以存放。

15. 培训标准

维护航测无人机培训标准，见表 3-4。

表 3-4　维护航测无人机培训标准

序　号	培训项目	培训标准
1	工具、设备使用	能够正确使用航测无人机的随机工具、设备
2	航测无人机组装	能够利用随机工具完成航测作业前的航测无人机装配和航测设备安装工作
3	地面站设备连接	能够正确选择场地，进行地面站设备组装、连接、布设
4	航测飞机调试	能够利用调参软件进行飞控参数调节、航测设备参数调试
5	飞行前检查	能够根据任务需求，完成飞行前环境检查、场地检查、维护检查、航测设备维护检查
6	飞行后检查	能够根据飞行后检查程序，完成飞行后整机维护检查、动力系统维护检查、蓄电池及充电线维护检查、航拍系统维护检查
7	维护	能够依据检查程序完成航测无人机的日常维护、回收伞维护、蓄电池维护等工作

保管无人机

项目 4

本项目的主要内容有无人机日常保管的条件、动力蓄电池的日常保管、维修工具设备的日常保管，以及根据季节及环境变化对无人机进行长期存放、保管等内容。

任务1　无人机日常保管

学习目标

通过练习不同条件下的日常保管技能，培养学生对无人机、动力蓄电池、任务设备及工具设备进行日常保管的能力。

任务情境

某公司有30架无人机，在没有作业任务的时间段，应保管好无人机。具体内容需要根据环境作好日常保管，保管的任务主要有无人机本身的日常保管、蓄电池的日常保管、任务设备的日常保管、维修工具、设备的日常保管等保管任务。在实训教师的指导下，模拟进行日常状态下的保管工作。

任务要求

1. 知识要求

（1）了解日常保管的基本条件。

（2）了解蓄电池保管的基本知识。

（3）了解任务设备保管的基本知识。

（4）了解保管存放的基本原则和注意事项。

2. 技能要求

（1）能够正确进行蓄电池的日常保管操作。

（2）能够正确进行任务设备的日常保管。

（3）能够对保障和维修工具设备进行保管。

（4）能够根据地区环境切实做好无人机的日常保管。

任务分析

作业完成后，不使用的无人机，根据作业间隔进行日常保管。日常保管需要根据天气状况、下次任务需求，对无人机及相关部件、系统进行日常的保管。

任务实施

1. 保管条件

通风、防潮、清洁干燥。

　　1）在潮湿、温差大的环境中，会破坏锂离子电池内电解质的平衡。

　　2）机器内部电路板和连接处容易受潮湿影响导致接触不良。

　　3）潮湿与温差往往会导致蓄电池电芯老化，出现电池跳电、遥控器内部线路老化不能校准、机器内部接触不良等。

　　4）若长时间不使用无人机，需在密封干燥的室内环境下存放，小型设备建议日常存放在干燥箱中。

　　5）长时间不使用的无人机，蓄电池应存放在蓄电池保存箱中。

　　6）若没有保存箱，应将蓄电池存放在阴凉的室内环境中。

2. 动力蓄电池保管

　　动力蓄电池的保管、使用应遵循不过放、不过充、不满电保存、不损坏外皮、防止短路、不在极端环境储存蓄电池的原则。

　　（1）不过放

　　1）过放的危害。蓄电池过放，轻则损伤蓄电池，重则造成炸机。

　　2）蓄电池的放电范围。蓄电池刚开始放电时，电压下降比较快，但放电到 $3.7 \sim 3.9V$ 之间，电压下降变慢。一旦电压降至 3.7V，电压下降速度就会加快，控制不好就导致过放蓄电池。防止过放的措施是尽量少飞一分钟，寿命就多飞一个循环。宁可多准备蓄电池，也不要每次把蓄电池使用到超过容量极限。要充分利用蓄电池报警器，一报警就应尽快降落无人机。

　　（2）不过充

　　1）过充的危害。蓄电池过冲会缩短蓄电池寿命，甚至引发蓄电池爆炸起火。

　　2）防止过充的措施。一是蓄电池充电的时候一定要有人照看；二是当发现充电时间过长时，要检查充电器是否出现故障，如果出现故障要尽快拔掉蓄电池。

　　（3）不满电保存

　　1）满电保存的危害。满电保存易造成蓄电池鼓包、报废。

　　2）满电蓄电池的保存时间。充满电的蓄电池，满电保存不能超过 3 天。

　　3）满电蓄电池存放。满电蓄电池存放不得超过一个星期，期间必须要进行放电。

　　存放超过一周的满电蓄电池，有些蓄电池就直接鼓包，有些蓄电池可能暂时不会鼓，但几次满电保存后，蓄电池可能会直接报废。

　　4）正确保管蓄电池电压的方式。在接到飞行任务后再充电。蓄电池使用后如在 3 天内没有飞行任务，须将单片蓄电池电压充至 $3.80 \sim 3.90V$ 保存。充好电的蓄电池，也要在充满后 3 天内把蓄电池电压放电到 $3.80 \sim 3.90V$ 再进行保存。如在 3 个月内没有使用蓄电池，将蓄电池充放电一次后继续保存，这样可延长蓄电池寿命。蓄电池保存应放置在环境温度为 10 ~ 25℃，且干燥、无腐蚀性气体的阴凉处。长期存放的蓄电池，应放在密封袋中或密封的防爆箱内。

（4）不损坏蓄电池外皮

1）蓄电池要轻拿轻放。

2）防止蓄电池摔在地上。

3）捆扎固定牢靠。在无人机上固定蓄电池时，扎带要束紧，以防无人机在做大动态飞行或摔机时，蓄电池会因为扎带不紧而甩出，而造成蓄电池外皮破损。

（5）防止短路

1）短路的危害。短路会直接导致蓄电池打火或者起火爆炸。

2）短路发生的情景。短路往往发生在蓄电池焊线维护和运输过程中。当发现使用过一段时间后蓄电池出现断线的情况需要重新焊线时，特别要注意电烙铁不要同时接触蓄电池的正极和负极。运输蓄电池的过程中，每个蓄电池都单独套上自封袋并置于防爆箱内，防止运输过程中，因颠簸和碰撞导致某片蓄电池的正极和负极同时碰到其他导电物质而短路或破皮而短路。

（6）不在极端环境储存蓄电池　原因是极端环境（如低温）长时间在外放置存放蓄电池，放电性能会大大降低。

1）预防措施。调高报警电压，在低温下使用时应将报警电压调高，比如单片报警电压调至 3.8V，因为在低温环境下压降会非常快，报警一响立即降落。

2）蓄电池保温。要给蓄电池做保温处理，在起飞之前蓄电池要保存在温暖的环境中，比如房屋内、车内、保温箱内等。要起飞时快速安装蓄电池，并执行飞行任务。

3）飞行时间控制。

4）在低温飞行时尽量将时间缩短到常温状态的一半，以保证安全飞行。

3. 任务设备保管

（1）植保设备保管

1）机身清洗干净防止残留药液对机体的腐蚀。

2）喷洒系统清洗彻底并排空喷洒系统中的溶液。

3）药箱在存放前要清洁干净，避免内部药液残留，并有序摆放。

4）药桶、筛网要清洁干净并有序放置在干燥处，防止再次使用残留药液对植保任务的干扰。

（2）航拍设备存放

1）使用云台卡扣将云台锁止，以保护云台以及相机。

2）螺旋桨在储存时要拆卸下来。

3）大型航拍设备应拆卸分解单独存放，小零件使用零件盒进行收纳。

4．维修工具设备保管

1）维修工具收储整齐，有序摆放。

2）使用时工具要有序摆放在维修台上，使用完毕即放回原处。

3）正确使用各种维修工具，维修流程规范化。

4）受损工具及时维修，对受损严重的工具定期处理。

5．培训标准

无人机日常保管的培训标准，见表4-1。

表4-1　无人机日常保管的培训标准

序　号	培训项目	培训标准
1	保管条件	能够准确复述日常保管无人机的条件：通风、防潮、清洁干燥
2	动力蓄电池保管	能够进行蓄电池的日常保管。不过放、不过充，不满电储存，不损坏外皮、防止短路，不在极端环境储存
3	任务设备保管	能够正确进行任务设备（植保任务设备、航拍任务设备）的日常保管
4	维修工具、设备保管	能够完成工具、设备的日常保管。工具摆放整齐有序，合理使用，损坏的工具及时更换

任务2　无人机长期保管

学习目标

通过学习不同环境条件的特点，培养学生根据季节及环境条件，依规、依章对无人机进行长期保管的能力。

任务情境

某公司有30架无人机，在没有作业任务的季节，应根据不同的环境条件做好无人机的长期保管工作。具体长期保管主要有炎热环境下的长期保管技能、潮湿环境下的长期保管技能、寒冷环境下的长期保管技能、风沙环境下的长期保管技能。在实训教师的指导下，模拟不同的环境，练习不同条件下的长期保管技能。

任务要求

1．知识要求

（1）了解长期保管的基本条件。

（2）了解长期保管的基本原则。

（3）了解不同环境下保管的注意事项。

2. 技能要求

（1）掌握长期保管无人机的原则。

（2）掌握炎热环境下保管的注意事项。

（3）掌握潮湿环境下保管的注意事项。

（4）掌握风沙环境下保管的注意事项。

任务分析

长期保管时需要掌握不同气候条件、不同天气环境、不同地域环境状况，才能进行无人机及其设备的正确保管。

任务实施

1. 无人机设备长期保管的基本原则

1）存放环境安全、清洁、干燥、阴凉。

2）长期保管的设备要清点登记入库。

3）不同类型的设备分开隔离存放，如不可将药箱筛网与蓄电池等混放。

4）设备摆放整齐有序，不得直接堆积码放。

5）特殊设备定期检查，如蓄电池应定期检查充电。

2. 炎热环境下保管的注意事项

1）高温环境下连续飞行时，需待无人机稍冷却后，再更换蓄电池继续飞行。

2）炎热夏季避免长时间飞行，在炎热夏季长时间飞行，会影响蓄电池的放电能力，缩短无人机的使用寿命。

3）若蓄电池温度较高，应待其冷却后，再进行充电，以免引发燃烧或爆炸事件。

4）户外飞行的备用蓄电池应远离热源，如阳光直射或热天的车内，以防爆炸。

5）若机身、蓄电池温度较高，须放置在阴凉处散热后再进行装箱收纳。

6）室外飞行禁止利用无人机螺旋桨风力降温。

3. 潮湿环境下保管的注意事项

1）无人机设备要放置在干燥、洁净、通风的地方，离墙壁要保持 10cm 以上的距离，以利通风驱潮。

2）清除无人机设备的灰尘、油污，保持机体干燥。

3）及时检查航空箱是否进水，若进水应及时取出无人机设备，用热风吹干设备内的水汽。

4. 风沙环境下保管的注意事项

1）作业必须时刻关注天气预报，注意当地天气情况，风力达到 5 级以上及风沙天气停止作业。

2）风沙天气，无人机驾驶员要做好防护工作，若视线受到影响，应谨慎操作。

3）作业结束后要对电机等容易进粉尘的设备做清理。

4）尽量把设备存放于专用航空箱内或将设备覆盖。

5．培训标准

无人机长期保管的培训标准，见表4-2。

表4-2　无人机长期保管的培训标准

序　号	培 训 项 目	培 训 标 准
1	长期保管的原则	能够准确复述无人机设备的长期保管原则。保管环境干燥、进行清点登记、不同类型的设备工具分类摆放、特殊设备定期检查
2	炎热环境下保管的注意事项	能够准确复述高温环境下连续飞行、炎热夏季飞行注意事项，能够复述蓄电池温度较高时的充电注意事项，能够复述户外飞行的备用蓄电池使用保管注意事项，能够复述外界温度较高时收纳机体、收纳蓄电池的注意事项
3	潮湿环境下保管的注意事项	能够准确复述无人机设备保管的内容，能够准确复述无人机设备清洁、防潮的措施
4	风沙环境下保管的注意事项	能够复述风沙天气时的注意事项，及易进粉尘设备的保管措施

参 考 文 献

[1] 韦加无人机教材编写委员会. 无人机组装与调试 [M]. 北京：航空工业出版社，2018.

[2] 郑东良. 航空维修管理 [M]. 北京：国防工业出版社，2006.

[3] 于坤林. 无人机维修技术 [M]. 北京：航空工业出版社，2020.

[4] 徐超群，闫国华. 航空维修管理 [M]. 北京：中国民航出版社，2012.

[5] 任仁良. 维修基本技能 [M]. 北京：清华大学出版社，2010.